ZHINENG BIANDIANZHAN
YUNWEI SHOUCE

智能变电站
运维手册

张志昌　主编

中国电力出版社
CHINA ELECTRIC POWER PRESS

内 容 提 要

本书围绕智能变电站的特点，理论与实际相结合，较为全面地介绍了智能变电站的运维要点，有助于变电运维人员及时、准确分析问题，排除故障，减少隐患。

本书共分八章，分别介绍了智能变电站主要智能设备、主要技术标准及运维管理规定，智能变电站当地监控数据规范及验收，智能变电站后台画面制作规范，智能变电站防误设置及验收，智能变电站顺序控制（操作），智能变电站保护操作，智能变电站巡视特殊点，智能变电站故障及异常处理。

本书可供变电站运行和维护工作的管理人员、专业技术人员、电力工作人员使用，也可供相关专业人员参考。

图书在版编目（CIP）数据

智能变电站运维手册 / 张志昌主编. —北京：中国电力出版社，2018.6（2020.8 重印）
ISBN 978-7-5198-2037-4

Ⅰ.①智… Ⅱ.①张… Ⅲ.①智能系统–变电所–电力系统运行–手册 Ⅳ.①TM63–62

中国版本图书馆 CIP 数据核字（2018）第 092953 号

出版发行：中国电力出版社
地　　址：北京市东城区北京站西街 19 号（邮政编码 100005）
网　　址：http://www.cepp.sgcc.com.cn
责任编辑：罗　艳（010-63412315，965207745@qq.com）　马玲科
责任校对：朱丽芳
装帧设计：张俊霞
责任印制：石　雷

印　　刷：三河市万龙印装有限公司
版　　次：2018 年 6 月第一版
印　　次：2020 年 8 月北京第二次印刷
开　　本：710 毫米×1000 毫米　16 开本
印　　张：11.75
字　　数：186 千字
印　　数：2501—3500 册
定　　价：68.00 元

前　言

　　近年来，电力系统中对智能电网的推广应用和客户对供电质量越来越高的要求，传统的常规变电站已经不能满足社会发展需求，取而代之的是逐步实现了高智能化的智能变电站系统。智能变电站作为坚强智能电网建设中的核心内容之一，是智能电网的重要组成部分。相对而言，智能变电站由于技术的大幅提升，它的日常运行维护与调试检修等环节也更为复杂。但由于各地采用的实现技术和智能化程度有所差异，尤其是缺乏统一的运行维护规程和标准，各地采用的维护手段存在较大差异，这使得运维人员在巡检维护智能变电站过程中缺乏相应技术依据，从而给智能变电站的安全运行埋下隐患。本书针对智能变电站的特点，结合了变电运维人员的日常工作，较为全面地介绍了智能变电站的运维要点，帮助变电运维人员及时、准确分析问题，排除故障、减少隐患，实现变电技能、经验的有效传承，为电网安全稳定运行作出贡献。

　　本书共分为八章，首先引入了智能变电站的概念及组成简介；在此基础上叙述了智能变电站特有的信号、智能变电站后台画面的制作规范、智能变电站防误设置要点、智能变电站程序化操作及保护操作流程；在本书最后部分，还介绍了智能变电站巡视要点、智能变电站故障及异常处理要点等。

　　本书有别于一般理论阐述较多的同类书籍，紧紧围绕智能变电站的特点，将理论与实际有机结合，实用性、针对性和新颖性较强，浅显易懂、便于自学，不仅可供变电运维人员学习，还可为电力设计、施工人员提供一些提示和参考，给有专业理论知识但相对缺乏实际工作经验的学校老师和学生带来裨益。但是限于作者水平，书中错漏之处在所难免，敬请专家和读者批评指正。

编　者

2018 年 5 月

目　录

前言

第一章　智能变电站概述 ·· 1

　第一节　智能变电站与常规变电站 ······························· 1

　第二节　主要智能设备 ·· 2

　第三节　智能变电站主要技术标准及运维管理规定 ········· 4

第二章　智能变电站当地监控数据规范及验收 ·················· 6

　第一节　数据采集 ··· 6

　第二节　数据使用（监视） ··· 9

　第三节　数据管理 ··· 11

　第四节　压板管理 ··· 17

　第五节　数据验收 ··· 20

第三章　智能变电站后台画面制作规范 ··························· 25

　第一节　主/分画面及其实现功能概述 ····························· 25

　第二节　各类分画面功能区域划分及相关要素 ················ 27

第四章　智能变电站防误设置及验收 ····························· 49

　第一节　智能变电站与常规变电站防误技术区别 ············· 49

　第二节　防误设置 ··· 50

　第三节　防误验收 ··· 65

　第四节　特殊防误 ··· 80

第五章　智能变电站顺序控制（操作） ··························· 82

　第一节　顺序控制基本知识 ··· 82

　第二节　顺序控制（操作）条件 ····································· 83

　第三节　顺序控制操作要求 ··· 95

　第四节　顺序控制检修及验收要求 ·································· 100

第六章 智能变电站保护操作 ························· 102

第一节 保护状态定义 ····························· 102

第二节 保护操作 ······························· 116

第七章 智能变电站巡视特殊点 ····················· 127

第一节 巡视类型及周期 ··························· 127

第二节 智能装置巡视 ···························· 129

第三节 后台巡视 ······························· 148

第八章 智能变电站故障及异常处理 ·················· 150

第一节 电子式互感器故障及异常处理 ················· 150

第二节 保护装置故障及异常处理 ···················· 162

第三节 合并单元故障及异常处理 ···················· 164

第四节 智能终端故障及异常处理 ···················· 174

第五节 网络通信设备故障及异常处理 ················· 177

参考文献 ·································· 180

第一章 智能变电站概述

智能变电站是采用先进、可靠、集成和环保的智能设备,以全站信息数字化、通信平台网络化、信息共享标准化为基本要求,自动完成信息采集、测量、控制、保护、计量和检测等基本功能,同时,具备支持电网实时自动控制、智能调节、在线分析决策和协同互动等高级功能的变电站。

第一节 智能变电站与常规变电站

一、技术特点

与常规变电站相比,智能变电站中使用了大量的新设备和新技术,例如电子式互感器、智能组件、交换机设备等,这些方面的应用给变电站的信息传输带来了便捷,再结合状态监测和智能辅助控制技术,变电站的智能化系统就基本形成了。具体改变表现在以下方面:

(1)智能变电站的二次设备采用网络化装置、电信告警信号。站内采用面向通用对象的变电站事件(generic object oriented substation event,GOOSE)技术,该技术是由 IEC 61850 通信规范所定义的一种通信机制,用于快速传输变电站的命令、告警、指示的信息,同时也可以传送开关量和诸如变压器温度等模拟量。智能电子设备(intelligent electronic device,IED)负责单个 GOOSE 信息的发送和接收。

(2)状态监测系统和智能辅助控制技术可以及时一次性获取各种特征的独立变量,进而分析判断设备的可靠性能,及早发现系统潜在的故障,保证安全可靠用电。

（3）智能变电站的物联网技术可将变电站的图像监视、主变压器的防火报警、采暖通风等孤立的辅助设备有机地整合起来，建立智能化的系统来统一控制管理。

二、智能变电站在运行维护方面的转变

智能变电站通过光缆的信息化传输，在站内设备之间实现了网络化和智能化的管理。在信息传输的过程中，可以通过对计算机信息的处理，有效地将电磁信号转化为数字信号，这样将对设备工作进行监视、控制、测量、调节和保护的二次回路变成虚回路形式。和常规变电站相比，智能变电站的运行和维护的转变具体表现在以下方面：

（1）实现了自动保护装置投入和退出的改变。常规变电站在保护系统的过程中，采用的是硬压板的保护形式，即用连接片之类的硬件设备来实现保护；而智能变电站的操控人员只需通过后台系统就能实现远程操作保护，实现了远程无人监控的智能管理。

（2）检修压板的作用发生变化。变电站检修压板的主要功能是检测、排除系统故障，防止故障信息对控制信息产生干扰。智能变电站在使用检修压板的过程中可有效避免误操作。当带有保护装置的检修压板使用时，会使该保护的跳闸命令失效，极大地减小了断路器误跳闸的可能性。

（3）全球定位系统有完整的时间一致性。智能变电站的全球定位系统有更完整的时间一致性，能够在完整规范的动作基础上完成变电站之间的实时信息交换，实现了变电站区域内的实时监控。

（4）设备验收方面发生变化。智能变电站对新投设备的工作进行监视、控制、测量、调节和保护是靠全站系统配置工具来完成的，在进行设备验收时所描述的数据模型在内外方面是保持一致的，实现了工作量的最优化。

第二节　主要智能设备

1. 智能电子设备

包含一个或多个处理器，可以接收来自外部源的数据或向外部发送数据，或进行控制的装置，如电子多功能仪表、数字保护装置、控制器等，为具有一个或

多个特定环境中特定逻辑触点行为且受制于其接口的装置。

2. 智能组件

由若干智能电子装置集合组成，承担宿主设备的测量、控制和监测等基本功能；在满足相关标准要求时，智能组件还可承担相关计量、保护等功能。可包括测量、控制、状态监测、计量、保护等全部或部分装置。

3. 智能终端

一种智能组件，与一次设备采用电缆连接，与保护、测控等二次设备采用光纤连接，实现对一次设备（如断路器、隔离开关、主变压器等）的测量、控制等功能。

4. 电子式互感器

一种装置，由连接到传输系统和二次转换器的一个或多个电流或电压传感器组成，用于传输正比于被测量的量，以供给测量仪器、仪表和继电保护或控制装置。

5. 合并单元

用于对来自互感器二次转换器的电流和/或电压数据进行时间相关组合的物理单元。合并单元可以是互感器的一个组成部分，也可以是一个分立单元。

6. 在线监测设备

通过传感器、计算机、通信网络等技术，及时获取设备的各种特征参量并结合一定算法的专家系统软件进行分析处理，可对设备的可靠性作出判断，对设备的剩余寿命作出预测，从而及早发现潜在的故障，提高供电可靠性的装置。

7. 交换机

一种有源的网络元件。交换机连接两个或多个子网，子网本身可由数个网段通过转发器连接而成。

8. IED 能力描述（IED capability description，ICD）文件

由装置厂商提供给系统集成厂商。该文件描述 IED 提供的基本数据模型及服务，但不包含 IED 实例名称和通信参数。

9. 全站系统配置（substation configuration discription，SCD）文件

该文件描述所有 IED 的实例配置和通信参数、IED 之间的通信配置以及变电站一次系统结构，由系统集成厂商完成。SCD 文件应包含版本修改信息，明确描述修改时间、修改版本号等内容。应全站唯一。

10. 系统规格（system specification description，SSD）文件

该文件描述变电站一次系统结构以及相关联的逻辑节点，最终包含在 SCD 文件中。应全站唯一。

11. IED 实例配置（configured IED description，CID）文件

每个装置有一个，由装置厂商根据 SCD 文件中本 IED 相关配置生成。

第三节　智能变电站主要技术标准及运维管理规定

智能变电站主要技术标准及运维管理规定如下：

DL/T 860《变电站通信网络和系统》

DL/T 1171《电网设备通用数据模型命名规范》

Q/GDW 383—2009《智能变电站技术导则》

Q/GDW 393—2009《110（66）kV～220kV 智能变电站设计规范》

Q/GDW 394《330kV～750kV 智能变电站设计规范》

Q/GDW Z 410—2010《高压设备智能化技术导则》

Q/GDW Z 414《变电站智能化改造技术规范》

Q/GDW 424—2010《电子式电流互感器技术规范》

Q/GDW 425—2010《电子式电压互感器技术规范》

Q/GDW 426—2010《智能变电站合并单元技术规范》

Q/GDW 427—2010《智能变电站测控单元技术规范》

Q/GDW 428—2010《智能变电站智能终端技术规范》

Q/GDW 429—2010《智能变电站网络交换机技术规范》

Q/GDW 430—2010《智能变电站智能控制柜技术规范》

Q/GDW 431—2010《智能变电站自动化系统现场调试导则》

Q/GDW 441—2010《智能变电站继电保护技术规范》

Q/GDW 580《智能变电站改造工程验收规范（试行）》

Q/GDW 616《基于 DL/T 860 标准的变电设备在线监测装置应用规范》

Q/GDW 624《电力系统图形描述规范》

Q/GDW 640《110（66）kV 变电站智能化改造工程标准化设计规范》

Q/GDW 642《330kV～750kV 变电站智能化改造工程标准化设计规范》

Q/GDW 678—2011《智能变电站一体化监控系统功能规范》

Q/GDW 689《智能变电站调试规范》

Q/GDW 750—2012《智能变电站运行管理规范》

Q/GDW 751《变电站智能设备运行维护导则》

Q/GDW 752—2012《变电站智能巡视功能规范》

Q/GDW 6411《220kV 变电站智能化改造工程标准化设计规范》

国家电网科〔2011〕487 号《关于印发〈变电站智能化改造工程验收规范〉标准的通知》

国家电网科〔2012〕414 号《智能高压设备技术导则》

运检一〔2015〕138 号《国网运检部关于严防智能变电站人员责任事故的通知》

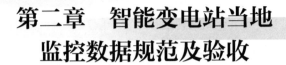

第二章 智能变电站当地 监控数据规范及验收

由于智能变电站智能设备的大量应用，可感知和采集的数据呈几何级数增加，因此对于数据展示、监控的优化就显得尤为重要，其基本原则是"分层展示、合理组合、适度够用、简单明了"。同时，由于一体化监控系统的建立及无人化值班模式实施，变电站当地监控系统的功能正在弱化，与调控中心的监控端正走向同质化。所以，明确监控中心承担监控功能，深度数据分析由网络数据分析仪、故障录波器完成；当地工作站（后台机）仅承担倒闸操作、常规监视、常规故障/异常分析的功能，工作站（后台机）数据采集和展示方式可参考后叙要求，并根据各地的习惯及要求进行具体确定。

第一节 数 据 采 集

一、总体要求

数据采集的总体要求如下：

（1）应实现电网稳态、动态和暂态数据的采集。

（2）应实现一次设备、二次设备和辅助设备运行状态数据的采集。

（3）量测数据应带时标、品质信息。

（4）支持 DL/T 860《变电站通信网络和系统》，实现数据的统一接入。

二、电网运行数据采集

（一）稳态数据采集

电网稳态运行数据包括电网运行状态数据和量测数据两大类。

（1）电网运行状态数据主要通过测控装置采集，信息源为一次设备辅助触点，通过电缆直接接入测控装置或智能终端。测控装置以 MMS 报文格式传输，智能终端以 GOOSE 报文格式传输。状态数据采集包括以下内容：

1）馈线、联络线、母联（分段）、变压器各侧断路器位置；

2）电容器、电抗器、站用变压器断路器位置；

3）母线、馈线、联络线、主变压器隔离开关位置；

4）接地开关位置；

5）电压互感器隔离开关、母线接地开关位置；

6）主变压器分接头位置、中性点接地开关位置等。

（2）电网运行量测数据通过测控装置采集，信息源为互感器（经合并单元输出）；电能量数据来源于电能计量终端或电子式电能表。量测数据采集包括以下内容：

1）馈线、联络线、母联（分段）、变压器各侧电流、电压、有功功率、无功功率、功率因数。

2）母线电压、零序电压、频率。

3）3/2 接线方式的断路器电流。

4）电能量数据有变压器各侧有功/无功电量；联络线和线路有功/无功电量；旁路开关有功/无功电量；馈线有功/无功电量；并联补偿电容器、电抗器无功电量；站（所）用变压器有功/无功电量。

5）各类统计计算数据。

（二）动态数据采集

动态数据通过同步相量测量装置（phasor measurement unit，PMU）采集，信息源为互感器（经合并单元输出），采集和传输频率应可根据控制命令或电网运行事件进行调整。电网动态运行数据包括以下内容：

（1）线路和母线正序基波电压相量、正序基波电流相量。

（2）频率和频率变化率。

（3）有功、无功计算量。

（三）暂态数据采集

电网暂态运行数据的范围包括主变压器保护录波数据；线路保护录波数据；母线保护录波数据；电容器、电抗器保护录波数据；开关分、合闸录波数据；量测量异常录波数据。录波数据通过故障录波器采集。

三、设备运行状态数据采集

（一）一次设备数据采集

一次设备在线监测信息范围和来源。

（1）数据范围。

1）主变压器油箱油面温度、绕组热点温度、绕组变形量、油位、铁芯接地电流、局部放电数据等；

2）主变压器油色谱各气体含量等；

3）GIS、断路器的 SF_6 气体密度（压力）、局部放电数据等；

4）断路器行程—时间特性、分合闸线圈电流波形、储能电机工作状态等；

5）避雷器泄漏电流、阻性电流、动作次数等；

6）其他监测数据可参考 Q/GDW 616《基于 DL/T 860 标准的变电设备在线监测装置应用规范》。

（2）在线监测装置应上传设备状态信息及异常告警信号。

（3）一次设备在线监测数据通过在线监测装置采集。

（二）二次设备数据采集

二次设备运行状态信息范围包括：装置运行工况信息；装置软压板投退信号；装置自检、闭锁、对时状态、通信状态；装置 SV/GOOSE/MMS 链路异常告警信号；测控装置控制操作闭锁状态信号；保护装置保护定值、当前定值区号；网络通信设备运行状态及异常告警信号；二次设备健康状态诊断结果及异常预警信号。

二次设备运行状态信息由站控层设备、间隔层设备和过程层设备提供。

（三）辅助设备数据采集

辅助设备运行状态信息范围包括：

（1）辅助设备量测数据。直流电源母线电压、充电机输入电压/电流、负载电流；逆变电源交、直流输入电压和交流输出电压；环境温、湿度；开关室气体传感器氧气或 SF_6 浓度信息。

（2）辅助设备状态量信息。交、直流电源各进、出线开关位置；设备工况、异常及失电告警信号；安防、消防、门禁告警信号；环境监测异常告警信号。

（3）其他量测数据及状态量。

辅助设备量测数据和状态量由电源、安防、消防、视频、门禁和环境监测等装置提供。

第二节　数据使用（监视）

一、总体要求

运行监视的总体要求如下：

（1）应在 DL/T 860 的基础上，实现全站设备的统一建模。

（2）监视范围包括电网运行信息、一次设备状态信息、二次设备状态信息和辅助应用信息。

（3）应对主要一次设备（变压器、断路器等）、二次设备运行状态进行可视化展示，为运行人员快速、准确地完成操作和事故判断提供技术支持。

二、电网运行监视

电网运行监视内容及功能要求如下：

（1）电网实时运行信息包括电流、电压、有功功率、无功功率、频率，断路器、隔离开关、接地开关、变压器分接头的位置信号。

（2）电网实时运行告警信息包括全站事故总信号、继电保护装置和安全自动装置动作及告警信号、模拟量的越限告警、双位置节点一致性检查、信息综合分析结果及智能告警信息等。

（3）支持通过计算公式生成各种计算值，计算模式包括触发、周期循环方式。

（4）断路器事故跳闸时自动推出事故画面。

（5）设备挂牌应闭锁关联的状态量告警与控制操作，检修挂牌应能支持设备检修状态下的状态量告警与控制操作。

（6）实现保护等二次设备的定值、软压板信息、装置版本及参数信息的监视。

（7）全站事故总信号宜由任意间隔事故信号触发，并保持至一个可设置的时间间隔后自动复归。

三、设备状态监视

（一）一次设备

一次设备状态监视内容如下：

（1）站内状态监测的主要对象包括变压器、电抗器、组合电器（GIS/HGIS）、断路器、避雷器等。

（2）一次设备状态监测的范围：根据 Q/GDW 534—2010《变电设备在线监测系统技术导则》，110kV 及以下变电站一般情况下不设置一次设备状态监测；220kV 变电站一般监测主变压器、高压组合电器、金属氧化物避雷器；500kV 变电站一般监测主变压器、高压并联电抗器、高压组合电器、金属氧化物避雷器。

（3）一次设备状态监测参量：500kV 变电站，主变压器应包含油中溶解气体、局部放电；高压并联电抗器宜包含油中溶解气体；500kV 和 220kV 高压组合电器应包含局部放电；220kV 及以上电压等级金属氧化物避雷器宜包含阻性电流；220kV 变电站，主变压器宜包含油中溶解气体、局部放电；220kV 高压组合电器应包含局部放电；金属氧化物避雷器宜包含泄漏电流和放电次数。

（二）二次设备

二次设备状态监视内容如下：

（1）监视对象包括合并单元、智能终端、保护装置、测控装置、安全稳定控制装置、监控主机、综合应用服务器、数据服务器、故障录波器、网络交换机等。

（2）监视信息内容包括设备自检信息、运行状态信息、告警信息、对时状态信息等。

（3）应支持 SNMP 协议，实现对交换机网络通信状态、网络实时流量、网络实时负荷、网络连接状态等信息的实时采集和统计。

（4）辅助设备运行状态监视。

四、可视化展示

（一）电网运行可视化

电网运行可视化应满足如下要求：

（1）应实现稳态和动态数据的可视化展示，如有功功率、无功功率、电压、电流、频率、同步相量等，采用动画、表格、曲线、饼图、柱图、仪表盘、等高线等多种形式展现。

（2）应实现站内潮流方向的实时显示，通过流动线等方式展示电流方向，并显示线路、主变压器的有功、无功等信息。

（3）提供多种信息告警方式，包括最新告警提示、光字牌、图元变色或闪烁、自动推出相关故障间隔图、音响提示、语音提示、短信等。

（4）不合理的模拟量、状态量等数据应置异常标志，并用闪烁或醒目的颜色给出提示，颜色可以设定。

（5）支持电网运行故障与视频联动功能，在电网设备跳闸或故障情况下，视频应自动切换到故障设备。

（二）设备状态可视化

设备状态可视化应满足如下要求：

（1）使用动画、图片等方式展示设备状态。

（2）针对不同监测项目显示相应的实时监测结果，超过阈值的应以醒目颜色显示。

（3）可根据监测项目调取、显示故障曲线和波形，提供不同历史时期曲线比对功能。

（4）在电网间隔图中通过曲线、音响、颜色效果等方式综合展示一次设备各种状态参量，内容包括运行参数、状态参数、实时波形、诊断结果等。

（5）应根据监视设备的状态监测数据，以颜色、运行指示灯等方式，显示设备的健康状况、工作状态（运行、检修、热备用、冷备用）、状态趋势。

（6）实现通信链路的运行状态可视化，包括网络状态、虚端子连接等。

第三节 数 据 管 理

一、信号命名规范

（一）信号命名原则

信息名称应明确简洁，以满足实时监控系统的需要，方便变电站、调度（调控）中心运行人员的监视、操作和检修，保证电力系统和设备的安全可靠运行。信息名称应根据调度命名原则进行定义，符合安全规程和调度规程的要求。

（二）信号命名结构

信息命名结构可表示为：电网.厂站/电压.间隔.设备/部件.属性。其中：

（1）小数点"."和正斜线"/"为分隔符。

（2）"电网"指设备所属调度机构对应的电网名称，电网可分多层描述，当一个厂站内的设备分属不同调度机构时，站内所有设备对应的电网名称应一致，如没有特别指明，选取最高级别的调度机构对应的电网名称。

（3）"厂站"指所描述的变电站的名称。

（4）"电压"指电力设备的电压等级（单位为 kV）。

（5）"间隔"指变电站内的电气间隔名称（或称串）。

（6）"设备"指所描述的电力系统设备名称，可分多层描述。

（7）"部件"指构成设备的部件名称，可分多层描述。

（8）"属性"指部件的属性名称，可以为量测属性、事件信息、控制行为等（如有功、无功、动作、告警等），由应用根据需要进行定义和解释。

（三）信号命名规则

（1）命名中的"厂站""设备"等有调度命名的，直接采用调度命名；测控装置按"对应一次设备"＋"测控装置"进行命名。

（2）自然规则。所有名称项均采用自然名称或规范简称，宜采用中文名称。依据调度命名的习惯，信息表中断路器的信息名称描述为"开关"，隔离开关的信息名称描述为"隔离开关"。

（3）唯一规则。同一厂站内的信息命名不重复。

（4）分隔规则。用小数点"."作为层次分隔符，将层次结构的名称项分隔；用正斜线"/"作为定位分隔符，放在"厂站"和"设备"之后。在有的应用场合可以不区分层次分隔符和定位分隔符，可全用"."。

（5）分层规则。各名称项按自然结构分层次排列。如"电网"可按国家电网、区域电网、省电网、地市电网、县电网等；"设备"可分多层，如一次设备及其配套的元件保护设备；"部件"可细分为更小部件，并依次排列。

（6）转换规则。当现有系统的内部命名与本节命名规范不一致时，与外部交换的模型信息名称需按本节规范进行转换。新建调度技术支持系统应直接采用本节规范命名，减少转换。

（7）省略规则。在不引起混淆的情况下，名称项及其后的层次分隔符"."可以省略，在应用功能引用全路径名作为描述性文字时定位分隔符"/"可省略；但在进行系统之间信息交换时两个定位分隔符"/"不能省略。

（四）信号的描述

为了便于变电站运维人员与常规变电站的衔接，保留了信号的描述字段，在工作站（后台机）界面可按照运维人员的要求进行修改。

1. 一般原则

（1）一般情况仅是对命名分隔符进行省略，并对较长的名称进行合理的缩略。

（2）对同一分画面对应单个间隔的信号，对应的信号描述可省略间隔及之前的内容，但报文仍然按完整的命名显示。

（3）对同一分画面对应多个间隔的信号（如主变压器、母差），对应的信号描述应有间隔的双重名称，但报文仍然按完整的命名显示。

（4）对于智能组件装置内部已经定义的设备名称，为保证今后维护和分析工作的顺利开展，一般不建议自行修改。如确实需要修改时，应只修改工作站（后台机）端，并在现场编制信号对应关系表格，以供查阅；对修改装置内部名称的行为，运维检修人员需要慎重。

2. 描述示例

信息描述示例参见表 2-1。其中，"信息交换"列代表信号的内容，一般包括变电站名称、间隔名称及信号内容三部分，内容简略直观。为了适应运维人员的工作习惯，"描述性文字"列对该信号的具体内容进行解释说明，使之更具有可读性。

表 2-1　　　　　　　信 息 描 述 示 例

序号	信 息 交 换	描述性文字
1	苏州.110kV×××变电站/110kV.××1688 线/有功	苏州 110kV×××变电站 110kV××1688 线有功
2	110kV×××变电站/110kV.××1688 线/有功	110kV×××变电站 110kV××1688 线有功
3	××1688 线/×××侧.有功	××1688 线×××侧有功
4	苏州.110kV×××变电站/110kV.1 号主变压器/高压侧.有功	苏州 110kV×××变电站 110kV 1 号主变压器高压侧有功
5	110kV×××变电站/10kV 母线/A 相电压	110kV×××变电站 10kV 母线 A 相电压
6	苏州/总负荷	苏州总负荷
7	江苏.220kV××厂/5 号机/有功	江苏 220kV××厂 5 号机有功
8	220kV××变电站/××2988 线第一套线路保护/动作	220kV××变电站 ××2988 线第一套线路保护动作
9	220kV××变电站/××2988 线测控装置/远方就地把手.位置	220kV××变电站 ××2988 线测控装置远方就地把手位置
10	110kV×××变电站/1 号主变压器/有载调压.急停	110kV×××变电站 1 号主变压器有载调压急停

二、告警信号的分类规范

（一）告警信号分类

按照对电网影响的程度，告警信息分为事故信息、异常信息、变位信息、越限信息、告知信息五类。

（1）事故信息。事故信息是由于电网故障、设备故障等，引起开关跳闸（包含非人工操作的跳闸）、保护装置动作出口跳合闸的信号以及影响全站安全运行的其他信号，是需实时监控、立即处理的重要信息。

（2）异常信息。异常信息是反映设备运行异常情况的报警信号、影响设备遥控操作的信号，直接威胁电网安全与设备运行，是需要实时监控、及时处理的重要信息。

（3）变位信息。变位信息特指开关类设备状态（分、合闸）改变的信息。该类信息直接反映电网运行方式的改变，是需要实时监控的重要信息。

（4）越限信息。越限信息是反映重要遥测量超出报警上下限区间的信息。重要遥测量主要有设备有功、无功、电流、电压、主变压器油温、断面潮流等，是需实时监控、及时处理的重要信息。

（5）告知信息。告知信息是反映电网设备运行情况、状态监测的一般信息。主要包括隔离开关/接地开关位置信号、主变压器运行挡位，以及设备正常操作时的伴生信号（如保护压板投/退，保护装置、故障录波器、收发信机的启动、异常消失信号，测控装置就地/远方等）。该类信息需定期查询。

（二）告警信息实例

告警信息主要有事故信息、异常信息、变位信息、越限信息和告知信息五大类。

1. 事故信息

事故信息主要有辅助系统事故信息和电气设备事故信息。

辅助系统事故信息主要包括公用消防系统：火灾报警动作、消防装置动作；主变压器消防系统喷淋装置动作、主变压器排油注氮出口动作；厂站全站远动通信中断。

电气设备事故信息有以下 14 小类：

（1）开关操动机构三相不一致动作跳闸。

（2）站用电：站用电消失。

（3）线路保护动作信号：保护动作（按构成线路保护装置分别接入监视）、重合闸动作、保护跳闸出口、低频减载动作。

（4）母差保护动作信号：母差动作、失灵动作。

（5）母联（分）保护动作信号：充电解列保护动作。

（6）断路器保护动作信号：保护动作、重合闸动作。

（7）主变压器保护动作信号：主保护动作、高（中、低）后备保护动作、过负荷告警、公共绕组过负荷告警（自耦变压器）、过载切负荷装置动作。

（8）主变压器本体保护动作信号：本体重瓦斯动作、有载重瓦斯动作、本体压力释放动作、有载压力释放动作、冷却器全停、主变压器温度高跳闸等信号。

（9）并联电容器、电抗器保护动作信号：保护动作。

（10）所（站）用变压器保护动作信号：保护动作、非电量保护动作。

（11）直流系统：全站直流消失。

（12）继电保护、自动装置的动作类报文信息。

（13）厂站、间隔事故总信号。

（14）接地信号。

2. 异常信息

异常信息可以分成影响遥控操作的异常信息、威胁电网安全与设备运行的异常信息和设备故障告警信号三类。

影响遥控操作的异常信息主要有 GIS 操动机构异常信号（开关储能电动机失电、隔离开关操作电机失电）、控制回路状态（控制回路断线、控制电源消失）、主变压器过负荷闭锁有载调压操作的信号。

威胁电网安全与设备运行的异常信息主要有以下 13 小类：

（1）主变压器本体：冷却器全停、冷却器控制电源消失、本体油温过高、本体绕组温度高、本体风机工作电源故障、风机电源消失、本体风机停止、本体轻瓦斯告警、有载轻瓦斯告警。

（2）开关操动机构：液压机构包括油压低分闸闭锁、油压低合闸闭锁、氮气泄漏总闭锁；气动机构包括气压低分、合闸闭锁；弹簧机构包括储能电源故障、弹簧未储能。

（3）气体绝缘的电流互感器、电压互感器：SF_6 压力异常（告警）信号。

（4）GIS 本体：各气室 SF_6 压力低报警、闭锁信号。

（5）线路电压回路监视：线路、母线电压无压，母线切换继电器动作异常。

（6）母线电压回路监视：TV 二次侧并列动作、保护或测量电压消失、TV 二次侧测量保护空气开关动作、计量电压消失、TV 二次侧并列装置失电。

（7）直流系统：绝缘报警（直流接地）、充电机交流电源消失。

（8）UPS 及逆变装置：交、直流失电、过载、故障信号。

（9）保护装置：异常运行告警信号、故障闭锁信号（含重合闸闭锁）、交流回路（保护 TA 或 TV 断线）、装置电源消失信号、保护通道异常、保护自检异常的报文信号。

（10）测控装置：异常运行告警信号、装置电源消失。

（11）各测控/保护/测控保护一体化装置、远动装置：通信中断信号。

（12）稳控装置：低频低压减荷装置、过负荷联切装置等稳控装置故障信号。

（13）各备用电源自投装置：装置故障信号。

设备故障告警信号主要有以下 8 小类：

（1）主变压器本体：本体冷却器故障、有载油位异常、本体油位异常、本体风机故障、滤油机故障。

（2）开关操动机构：加热器、照明空气开关跳闸。

（3）GIS 操动机构：加热器故障、GIS 汇控柜告警电源消失异常信号。

（4）厂站、间隔预告信号。

（5）直流系统：直流接地、直流模块故障、直流电压过高、直流电压过低信号。

（6）防误系统：电源失压告警信号。

（7）继电保护与自动装置：网络异常信号。

（8）GPS：失步、异常告警、失电、无脉冲信号。

3. 变位信息

变位信息特指开关类设备变位的信息。

4. 越限信息

越限信息是指遥测量越过设定的上/下限数值后发出的告警提示信息。重要遥测量主要有断面潮流、电压、电流、负荷、主变压器油温等，是需实时监控、及时处理的重要信息。

5. 告知信息

主要包括主变压器运行挡位及设备正常操作时的伴生信号，保护功能压板投退的信号，保护装置、故障录波器、收/发信机等设备的启动、异常消失信号，测控装置就地/远方等。

第四节　压　板　管　理

一、压板配置规范

（1）除检修压板可采用硬压板外，保护装置应采用软压板，满足远方操作的要求。继电保护设备应支持远方投退压板、修改定值、切换定值区、设备复归功能。

（2）软压板的设置应满足保护基本功能投退的需要。保护功能软压板在LLN0 逻辑节点中统一加 Ena 后缀扩充。

（3）软压板的设置应满足保护功能之间交换信号隔离的需要，GOOSE 出口软压板与传统出口硬压板设置点一致，按跳闸、合闸、启动重合、闭锁重合、沟通三跳、启动失灵、远跳等重要信号在 PTRC 跳闸逻辑模型和 RREC 重合闸模型中统一加 Strp 后缀扩充出口软压板，从逻辑上隔离信号输出。

（4）接入两个及以上合并单元（merging unit，MU）的保护装置应按 MU 设置"MU 投入"软压板。

（5）智能终端跳合闸出口回路应设置硬压板、智能终端 GOOSE 接收方向可不设软压板。

（6）参数配置文件仅在检修压板投入时方可下装，下装时闭锁保护。

（7）继电保护设备应将检修压板状态上送站控层；当继电保护设备检修压板投入时，上送报文中信号的"品质 Q"的"TEST 位"应置位。

二、压板分类规范

软压板的设置应满足运维人员常规操作的需要，同时尽可能延续原有标准化典型设计的规范要求。

（1）保护功能投退压板：实现某保护功能的完整投入或退出。

（2）保护定值控制状态：标记定值、软压板的远方控制模式，如定值切换、修改等操作。

（3）保护采样数据接收状态：按 MU 投入状态控制本端是否接收、处理采样数据。

（4）信号复归控制：信号远方复归功能。

（5）GOOSE 出口压板：实现保护装置动作输出的跳合闸信号隔离，可设置在信号发出端，保护功能之间的交互信号，如启动失灵、闭锁重合等信号隔离。此类压板原则上应在收发侧串联设置。

（6）测控功能控制压板：实现某测控功能的完整投入或退出。

（7）逻辑状态控制压板：实现保护逻辑输入状态的强制固定，类似于保护功能投退压板。

（8）其他压板：该部分压板设置有利于系统调试、故障隔离，如母差接入隔离开关位置强制压板，应布置在标准压板之后，正常运行操作无须修改。

三、压板命名规范

（一）公用压板命名

（1）保护定值控制软压板：远方修改定值、远方切换定值区、远方控制压板。

（2）远方复归控制：信号复归。

（二）220kV 线路保护

（1）保护功能投退压板：纵联差动保护投入、停用重合闸。

（2）GOOSE 跳闸出口压板：GOOSE 跳闸出口、GOOSE 启动失灵、GOOSE 重合闸出口。

（3）间隔 MU 投入压板：线路 MU 投入。

（三）220kV 主变压器保护

（1）保护功能投退压板：差动保护投入、高压侧后备保护投入、高压侧电压投入、中压侧后备保护投入、中压侧电压投入、低压侧后备保护投入、低压侧电压投入、公共绕组后备保护投入。

（2）GOOSE 跳闸出口压板：GOOSE 跳高压侧出口、GOOSE 解高压侧母差复压闭锁、GOOSE 启动高压侧失灵、GOOSE 跳中压侧出口、GOOSE 跳中压侧母联出口、GOOSE 跳中压侧分段 1 出口、GOOSE 跳中压侧分段 2 出口、GOOSE

跳低压侧出口、GOOSE 跳低压侧分段出口、GOOSE 闭锁中压侧备投、GOOSE 闭锁低压侧备投。

（3）间隔 MU 投入压板：高压侧 MU 投入、中压侧 MU 投入、低压侧 MU 投入、公共绕组侧 MU 投入。

（四）220kV 母差保护

（1）保护功能投退压板：母线差动保护投入、失灵保护投入、母联 1 互联投入、母联 2 互联投入、分段 1 互联投入、分段 2 互联投入、母联 1 分列投入、母联 2 分列投入、分段 1 分列投入、分段 2 分列投入（依据主接线，无对应设备压板改为备用）。

（2）GOOSE 跳闸出口压板：

1）GOOSE 跳母联 1 出口、GOOSE 跳母联 2 出口、GOOSE 跳分段 1 出口、GOOSE 跳分段 2 出口、GOOSE 跳主变压器 1 出口、GOOSE 跳主变压器 2 出口、GOOSE 跳主变压器 3 出口、GOOSE 跳主变压器 4 出口、主变压器 1 GOOSE 失灵联跳出口、主变压器 2 GOOSE 失灵联跳出口、主变压器 3 GOOSE 失灵联跳出口、主变压器 4 GOOSE 失灵联跳出口。

2）GOOSE 跳线路 1 出口、…、GOOSE 跳线路 n 出口。

3）GOOSE 启动线路 1 远跳出口、…、GOOSE 启动线路 n 远跳出口。

（3）间隔 MU 投入压板：母线 1MU 投入、母线 2MU 投入、母线 3MU 投入、母线 4MU 投入、母联 1MU 投入、母联 2MU 投入、分段 1MU 投入、分段 2MU 投入、主变压器 1MU 投入、主变压器 2MU 投入、主变压器 3MU 投入、主变压器 3MU 投入、主变压器 4MU 投入、线路 1MU 投入、…、线路 nMU 投入。

（五）220kV 母联/分段保护

（1）保护功能投退压板：充电过电流保护投入。

（2）GOOSE 跳闸出口压板：GOOSE 跳闸 1 出口、GOOSE 跳闸 2 出口、GOOSE 启动失灵。

（3）间隔 MU 投入压板：间隔 MU 投入。

（4）测控功能：间隔联锁投入、遥控同期投入、允许远方操作。

四、压板编号规范

监控界面上的保护软压板应有明确且本间隔唯一的编号，其中：

（1）1CLP*：GOOSE 出口、联跳、失灵开出压板；

（2）1BLP*：母差闭锁线路重合闸压板；

（3）1YLP*：母差启动线路远跳压板；

（4）1SLP*：母差失灵联跳及失灵启动压板；

（5）1LP*：保护功能压板；

（6）1MLP*：MU 投入压板。

其中，编号字母前的数字代表第几套保护，如一个分画面有多套保护，此数字应按保护套数不同进行不同设置，如第一套保护 1LP*，第二套保护 2LP*，以此类推；仅具备监视功能的软、硬压板可不进行编号；对现场增加的压板可以按要求继续编号。

第五节　数　据　验　收

一、一般要求

（1）运维人员进行的信号验收应作为变电站投运验收的最后环节开展，前期应已完成全部设备及回路［含工作站（后台机）］的三级自验收并整改完毕。

（2）工作站（后台机）"四遥"信息表应由工作站（后台机）维护厂家根据设计及运维要求提供电子文档给现场运维验收人员。

（3）信号验收的顺序一般为可操作设备遥信、可操作设备遥控、不可操作设备遥信、遥测。

（4）可操作设备遥信信号验收以现场或装置实际位置为准。

（5）不可操作设备遥信验收应在信号源头进行模拟，或尽量靠近源头；对于二次装置的虚信号、功能信号，可根据验收分界点，采取信号开出功能进行验收。

（6）遥测验收应在信号源头进行模拟，或尽量靠近源头；对于智能设备光TA、光TV、智能断路器、在线监测装置等的遥信，应按厂家说明书或相关导则的要求，并根据验收分界点，确定验收方法。

（7）相关信号回路发生变动时，应根据可能影响的范围重新组织验收。

（8）当全站配置文件（SCD 文件）发生改动后，应根据相关的要求进行验收工作。

二、信号验收要求

（1）一次设备，包括断路器、隔离开关、接地开关都要采集动合、动断两副触点，以便相互校验，确保可靠指示设备位置状态。

（2）"电压回路断线"：两个电压切换继电器动断触点串联后（不串断路器位置信号）再与保护屏后交流电压空气开关位置触点并接。

（3）微机保护运行监视信号：微机保护装置基本的监视信号有两个，一是"装置动作"，属装置动作跳闸总信号；二是"装置异常"，包括装置自检告警和直流工作电源失电。为详细展示变电站保护设备的运行状况，对保护装置发信作如下原则规定：

1）装置跳闸要有总信号。

2）主保护动作单独列出，如高频保护动作、光纤差动保护动作、主变压器差动保护动作等；后备保护元件动作可合并制作信号。

3）装置内部逻辑判断的 TV 断线要单独列出，不能用"装置异常"或"装置呼唤"来代替。

4）差动保护要有 TA 断线信号。

5）35kV 及以下系统保护至少要有保护动作、装置异常两个信号。

（4）综合自动变电站不再采用事故总信号逻辑，事故信号由各断路器间隔分别发出。断路器操作箱合后位置与 KCT 动合触点串联，并接入相应测控模块进行采集，动作后发间隔事故信号，并能在后台和远方监控系统推事故画面。

（5）110kV 和 35kV 主变压器信号采集原则与 220kV 主变压器一致，有载挡位信号采用 BCD 码。

三、控制验收要求

（一）总体要求

操作与控制的总体要求如下：

（1）能支持变电站和调度（调控）中心对站内设备的控制与操作，包括遥控、遥调、人工置数、标识牌操作、闭锁和解锁等操作。

（2）能满足安全可靠的要求，所有相关操作应与设备和系统进行关联闭锁，确保操作与控制的准确可靠。

（3）有条件的应支持操作与控制可视化。

（4）对于与信号相关联的遥控应按要求逐一验证，220kV及以下变电站间隔层操作可仅验证断路器操作，通用功能性验证可进行随机抽验（如设置禁止操作标识牌等功能验证）。

（二）分级控制

电气设备的操作采用分级控制。

（1）控制宜分为四级：

1）第一级，设备本体就地操作，具有最高优先级的控制权。当操作人员将就地设备的"远方/就地"切换开关放在"就地"位置时，应闭锁所有其他控制功能，只能进行现场操作。

2）第二级，间隔层设备控制。

3）第三级，站控层控制。该级控制应在站内操作员工作站上完成，具有"远方调控/站内监控"的切换功能。

4）第四级，调度（调控）中心控制，优先级最低。

（2）设备的操作与控制应优先采用遥控方式，间隔层控制和设备就地控制作为后备操作或检修操作手段。

（3）全站同一时间只执行一个控制命令。

（三）单设备控制

单设备遥控应满足如下要求：

（1）单设备控制应支持增强安全的直接控制或操作前选择控制方式。

（2）开关设备控制操作分三步进行：选择→返校→执行。"选择"结果应显示，当"返校"正确时才能进行"执行"操作。

（3）在进行选择操作时，若遇到以下情况之一应自动撤销：

1）控制对象设置禁止操作标识牌；

2）校验结果不正确；

3）遥控选择后30～90s内未有相应操作。

（4）单设备遥控操作应满足以下安全要求：

1）操作必须在具有控制权限的工作站上进行；

2）操作员必须有相应的操作权限；

3）双席操作校验时，监护员需确认；

4）操作时每一步应有提示；

5）所有操作都有记录，包括操作人员姓名、操作对象、操作内容、操作时间、操作结果等，可供调阅和打印。

（四）同期操作

同期操作应满足如下需求：

（1）断路器控制具备检同期、检无压方式，操作界面具备控制方式选择功能，操作结果应反馈。

（2）同期检测断路器两侧的母线、线路电压幅值、相角及频率，实现自动同期捕捉合闸。

（3）过程层采用智能终端时，针对双母线接线，同期电压分别来自 I 母或 II 母相电压以及线路侧的电压，测控装置经母线隔离开关位置判断后进行同期，母线隔离开关位置由测控装置从 GOOSE 网络获得。

（五）定值修改

定值修改操作应满足如下要求：

（1）可通过监控系统或调度（调控）中心修改定值，装置同一时间仅接受一种修改方式。

（2）定值修改前应与定值单进行核对，核对无误后方可修改。

（3）支持远方切换定值区。

（六）软压板投退

软压板投退应满足如下要求：

（1）远方投退软压板宜采用"选择—返校—执行"方式。

（2）软压板的状态信息应作为遥信状态上送。

（七）主变压器分接头调节

主变压器分接头的调节应满足如下要求：

（1）宜采用直接控制方式逐挡调节。

（2）变压器分接头调节过程及结果信息应上送。

（八）调度操作与控制

调度操作与控制应满足如下要求：

（1）应支持调度（调控）中心对管辖范围内的断路器、电动隔离开关等设备的遥控操作；支持保护定值的在线召唤和修改、软压板的投退、稳定控制装置策略表的修改、变压器挡位调节和无功补偿装置投切。此类操作应通过Ⅰ区数据通信网关机实现。

（2）应支持调度（调控）中心对全站辅助设备的远程操作与控制。此类操作应通过Ⅱ区数据通信网关机和综合应用服务器实现。调度（调控）中心将控制命令下发给Ⅱ区数据通信网关机，Ⅱ区数据通信网关机将其传输给综合应用服务器，并由综合应用服务器将操作命令传输给相关的辅助设备，完成控制操作。

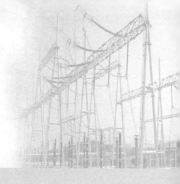

第三章　智能变电站后台画面制作规范

变电站后台图形界面应遵循"主页一致、结构一致、颜色一致、图元一致"的原则。图形界面应布局合理、层次清晰、标识清楚、意义明确、简洁美观，充分满足电网运行的实际需求。图形界面的展示风格、字体、颜色、设备运行状态的着色及标识应统一、含义清晰。图形描述应满足 Q/GDW 624《电力系统图形描述规范》的要求，实现系统之间图形的导入、导出和远程浏览。图形文件名称应统一、规范，设备相关信息描述应遵循 DL/T 1171《电网设备通用数据模型命名规范》的要求。

第一节　主/分画面及其实现功能概述

智能变电站后台画面可以分为索引图、主接线图、间隔分图、应用功能分图及二次设备状态监视图。

一、索引图

索引图包含主要后台画面的跳转链接按钮，并能反映链接画面状态的图形画面。对于不同电压等级的变电站，其首页索引图内容略有区别。总体而言，首页索引图应包括：① 变电站主接线图；② 各主变压器分图；③ 站内各侧母线设备分图（按电压等级分列）；④ 站用变压器设备分图；⑤ 光字牌索引图；⑥ 站用直流电源图；⑦ 站用交流电源图；⑧ 二次设备状态监视图；⑨ 用户自定义的其他索引内容。图 3−1 为 220kV 某变电站画面索引图，其他电压等级变电站可根据现场设备实际情况进行参考设置。

图 3-1 220kV 某变电站画面索引图

二、主接线图

主接线图包含变电站全部一次设备、设备连接方式，以及反映一次设备运行状态的模拟量、状态量和相关文字标注的图形画面。主接线图画面包括图形和标注两部分内容。

（一）图形

图形指一次系统主设备及其接线方式，包括变压器、母线、线路、断路器、隔离开关、互感器、电容器、电抗器、避雷器、放电间隙、消弧线圈、中性点、阻波器、熔断器及连接线等。

（二）标注

标注指所属设备的模拟量、状态量以及相关文字说明，其内容包括设备命名，频率、电流、电压、有功、无功、油温、挡位，一、二次设备的状态信号、事故信号、工作状态信号，以及其他所需辅助性符号及文字。

对于不同电压等级的变电站，由于设备类型不同，其主接线形式差别较大。500kV 某变电站主接线如图 3-2 所示，其他电压等级变电站可根据现场设备实际情况进行参考设置。

三、间隔分图

间隔分图包含某一电气间隔的一次接线图、量测信息、二次设备操作、告警光字牌、装置信息、通信状态监视以及相关文字标注的图形画面。由于设备类型及其属性不同，间隔分图应根据现场实际综合考虑各方面因素进行合理分割。

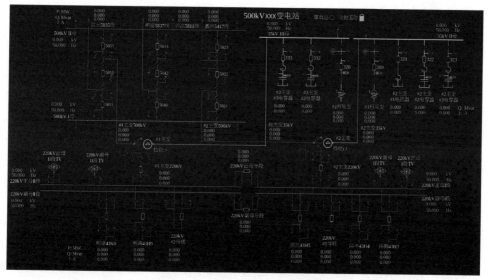

图 3-2　500kV 某变电站主接线图

实际应用中，3/2 接线宜以整串为间隔进行布置，主变压器宜以高、中、低三侧及本体的全部设备作为一个间隔，母联或分段设备宜以母联或母线分段的全部设备作为一个间隔布置，所有站用变压器和站用电母线设备作为一个间隔，正母和副母以母线 TV、母线接地开关在内的母线设备作为一个间隔布置。

对于信息较多的间隔，如 500kV 整串及主变压器间隔等，可按测控和保护信息进行划分，分别设置独立画面。

此外，智能变电站后台界面还应包括功能应用分图和二次设备状态监视图，功能应用分图主要包括变电站站用直流电源信息监视功能图、变电站站用交流电源信息监视功能图、接地选线试跳功能图和五防模拟预演功能图等。

第二节　各类分画面功能区域划分及相关要素

一、首页索引图

系统启动后默认进入首页索引图。首页索引图宜在顶部中央布置标题为"××kV××变电站画面索引"。索引图应包含快捷跳转按钮，均链接至相应的分图。按钮按列水平等间距分布，每列按行垂直等间距分布，按照列数最少原则根据按钮数量灵活分配列数和行数。

索引图中跳转按钮宜能反映链接画面的状态。链接画面中事故信号动作时，跳转按钮显示红色；异常告警信号动作时，跳转按钮显示黄色；告知信号动作时，跳转按钮显示蓝色，动作的事故信号、告警信号或告知信号闪烁时，跳转按钮进行红灰闪烁、黄灰闪烁或蓝灰闪烁；事故信号与告警信号同时发生时，显示事故信号的状态。

二、光字牌索引图

光字牌索引图顶部为画面标题和跳转按钮。画面顶部中央布置标题为"××kV××变电站光字牌信号索引图"，单击标题可跳转至首页索引图，画面应按照间隔的数量合理划分各层次区域，并以表格形式层次分明地细分和显示各间隔告警汇总光字牌及其索引。

光字牌索引图以报警指示灯的形式显示全站各间隔的报警汇总合成信号，每个间隔设置一个报警汇总指示灯，用来汇总每个间隔内的所有事故和告警信号。光字牌索引图间隔报警汇总指示灯右侧为该间隔的跳转标签，单击跳转标签可链接至相应的间隔分图，查看各间隔详细的告警信号光字牌。200kV 某变电站的光字牌索引图如图 3-3 所示。

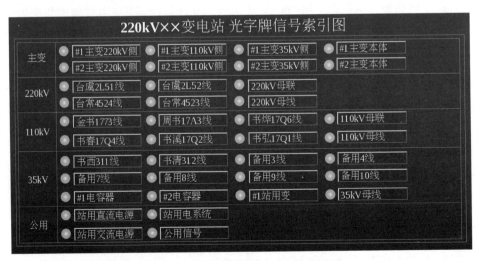

图 3-3　220kV 某变电站光字牌索引图

在光字牌索引图上，当间隔内有事故信号动作时，间隔报警汇总指示灯显示红色；当间隔内有告警信号动作时，间隔报警汇总指示灯显示黄色；当间隔内有事故信号和告警信号同时发生时，显示事故信号的状态；间隔内没有任何报警信号动作时，指示灯显示绿色。值班人员未确认间隔内事故信号和告警信号时，间隔报警汇总指示灯应闪烁。应用功能（如远方监控操作等）产生的各间隔告警信号也应作为各间隔内的告警信号光字牌，并进行统一监视和管理。

公用信号光字牌图如图 3-4 所示。其以方框分块布局，包含各公用系统及公用装置的信号光字牌，以及公用测控装置通信状态的监视等。

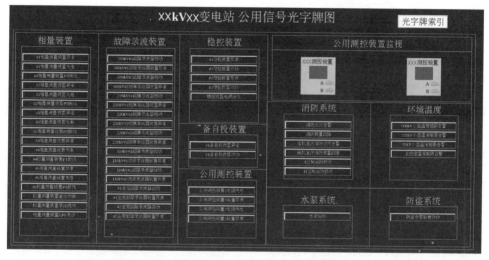

图 3-4　某变电站公用信号光字牌图

三、主接线图

（一）主接线图布局原则

主接线图一般按电压等级分成若干区域。单幅画面应设置一个主区域，根据需要可有若干辅区域，主区域宜在画面左上部分。将变电站最高电压等级置于画面主区域，其他电压等级根据实际要求分置于画面辅区域。各区域的位置、大小、比例、图元和标注内容等可根据实际需要加以确定。

变电站内同一电压等级的主设备间隔顺序应按照现场实际间隔顺序，并以其所属电压等级的母线为中心均匀布置。同一间隔的图形应中心垂直对齐，不同间隔的同类图元间宜水平对齐，相同设备的大小宜保持一致，连接线应尽量避免交叉。图元之间、标注之间、图元与标注之间必须满足最小间隔要求，须保证全屏正常显示时各图元、标注之间界限清晰，易于分辨。

（二）主接线图绘制原则

主接线图按照最终规模绘制，未建设的远期间隔，用亮灰色虚线框标识，以示区别。设备和连接线带电时显示电压等级的颜色，失电时显示失电颜色。电气主接线图中有设备编号的电气间隔可只标注断路器的调度编号，隔离开关、接地开关等设备的调度编号可不在主接线图上标注。电容器组内的设备根据电气主接线图的布局情况，可不在主接线图中显示。

（三）主接线图设备操作权限设置

变电站内对断路器、隔离开关、变压器的操作控制必须进入间隔分画面接线图执行，全站主接线图不允许开放操作和控制功能，如果一个遥控点在多个间隔分图中均有体现，则只允许在其中一个分图上进行控制操作。鼠标移到断路器、隔离开关、变压器等设备上时应能以标签方式显示设备的调度命名。

（四）主接线图画面要求

主接线图画面顶部中央布置标题为"××kV××变电站"，单击标题可跳转至首页索引图。在主接线图右上角布置全站"事故总"指示灯，用于指示全站事故总和告警总信号，各间隔出线均以实心箭头指示，各间隔名旁附遥测值。220kV某变电站主接线图如图3-5所示。

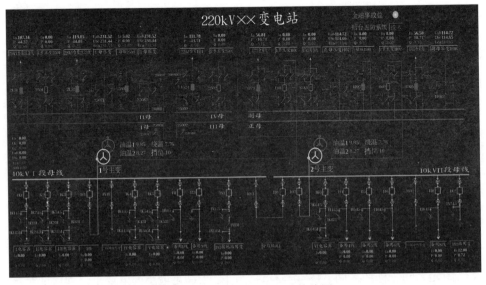

图3-5　220kV某变电站主接线图

四、间隔分图

间隔分图顶部为画面标题和跳转按钮，画面区域一般按变电站监控功能进行划分，从左到右依次为接线图及量测信息、二次设备操作和告警光字牌三个区域。左侧区域上部分布置电气间隔的接线图，左侧区域下部分布置该间隔的量测信息。中间区域布置操作把手、软硬压板、定值区切换以及程序化控制等信息。右侧区域上部分布置该间隔装置信息和通信状态监视，右侧区域下部分布置该间隔的告警光字牌，告警光字牌宜按设备进行合理的划分。

（一）间隔分图画面

间隔分图顶部中央布置标题为"××kV××变电站××间隔分图"，单击标题可跳转至首页索引图。标题正下方为"主接线图"和"光字牌索引"跳转按钮。如设置单独的间隔保护信息分图，在间隔信息分画面标题正下方还应设置"保护信息"跳转按钮。

间隔保护信息分图顶部中央布置标题为"××kV××变电站××间隔保护信息分图"，单击标题可跳转至首页索引图。标题正下方为"主接线图"和"光字牌索引"跳转按钮，可链接至主接线图、光字牌索引图和间隔分图。画面区域一般按该间隔所配置的保护从左到右依次划分为多个区域。每个区域从上到下依次为该保护装置信息及通道状态监视、保护定值区切换、保护软硬压板和保护告警光字牌等。

（二）间隔分图绘制要求

间隔分图中整个图形应有外边框，图形内各个分区应有小边框，以层次分明地规划细分各类显示内容。间隔分图中的接线图应在所有一次设备旁附调度名和调度编号。

（三）间隔分图量测信息显示

间隔的量测信息以表格形式显示，表格分为三列，分别为量测项、量测量和单位。线路、母联及主变压器间隔应能显示三相电压、三相电流、有功、无功、功率因数。电容器、电抗器间隔应能显示三相电流、三相电压和无功。变压器本体还应包括主变压器分接头位置、主变压器绕组温度和主变压器油温等。

（四）间隔分图操作信息显示

1. 通用操作信息

在间隔分图中将鼠标移到断路器、隔离开关、变压器等设备上时应能以标签方式显示设备的调度命名。具有分相位置的断路器设备在间隔分图中应显示其分相位置。操作把手部分应显示对运行人员进行正常倒闸操作有较大影响的一些信号，如一次设备"就地/远方"把手状态、间隔五防投退把手状态等。五防模拟预演时，间隔分图中的一次设备旁应显示网门、临时接地线等设备。

间隔分图的操作控制区域及间隔保护信息分图中各保护装置区域中的装置操作控制部分应布置对微机保护及各智能设备的远方复归操作按钮，同时还应具备远方切换微机保护定值区和远方投退微机保护软压板操作界面以及对其他功能硬压板信号的监视。

2. 程控操作信息

程序化操作界面应位于间隔分图操作控制区域内的下方。对于单母线路间隔，通常定义 4 个状态，即运行、热备、冷备和检修。对于双母线路间隔，通常定义 7 个状态，即正母运行、副母运行、正母热备、副母热备、冷备用、开关检修和线路检修。对于带旁路母线的间隔还要有旁代运行状态。接线图中当前间隔的状态应与程序化操作状态信息界面中的状态保持一致。在当前程序化操作的间隔状态图中，用红色状态按钮表示当前间隔所处运行状态，当前其他状态按钮应为绿色显示。

（五）间隔分图示例

1. 主变压器间隔

主变压器宜以高、中、低三侧及本体的全部设备为一个间隔进行布置，主变压器间隔应显示主变压器的全部信息，主变压器告警光字牌宜按主变压器高、中、低三侧、主变压器本体和主变压器保护信息进行划分。对于 220kV 及以上主变压器，间隔信息较多时，宜设置分画面，并将保护信息（保护软压板、保护光字牌）单独布置。500kV 某变电站主变压器间隔三侧分图如图 3−6 所示。

该间隔保护信息包括保护软压板与保护光字牌，单独布置，如图 3−7 所示。

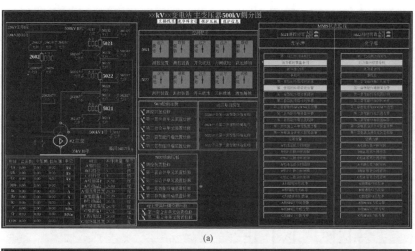

(a)

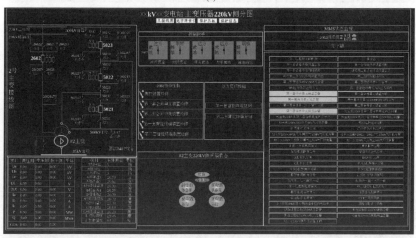

(b)

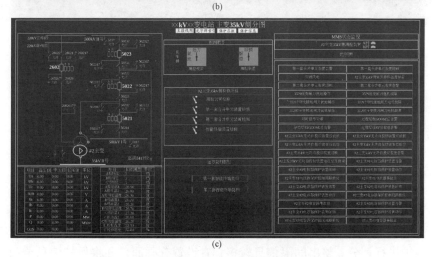

(c)

图 3-6　500kV 某变电站主变压器间隔三侧分图

（a）高压侧；（b）中压侧；（c）低压侧

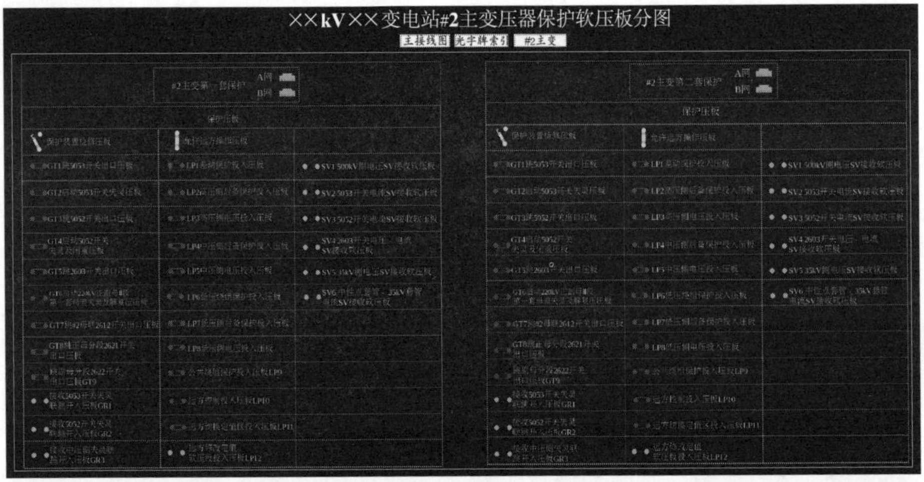

（a）

（b）

图 3-7　500kV 变电站主变压器间隔保护信息分图
（a）保护软压板；（b）保护光字牌

对于 110kV 终端变电站，多采用线路-变压器组接地方式，此接线方式下，主变压器间隔应包含 110kV 所有设备及信息，某 110kV 线路-变压器组间隔分图和保护信息分图如图 3-8 及图 3-9 所示。66kV 线路-变压器组间隔分图及相应的保护信息分图与 110kV 线路-变压器组间隔一致。

2. 3/2 接线串间隔

3/2 接线宜以整串为间隔进行布置，整串信号宜按开关设备以及开关保护和线路保护进行划分。整串间隔信息较多，宜设置分画面，并将保护信息单独布置在间隔保护信息分图上，500kV 某变电站第五串间隔如图 3-10 所示。

图 3－8　110kV 线路－变压器组间隔分图

图 3－9　110kV 线路－变压器组保护信息分图

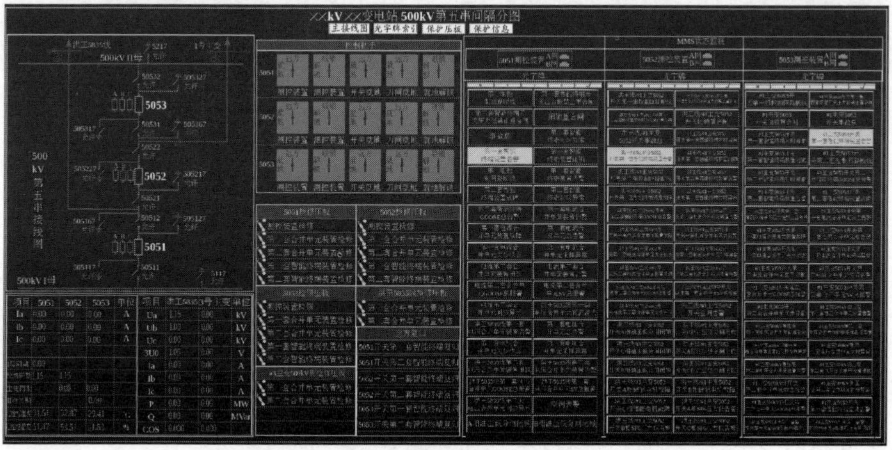

图 3－10　500kV 某变电站第五串间隔分图

该串间隔保护信息包括保护软压板与保护光字牌，单独布置，如图 3－11 所示。

图 3－11　500kV 某变电站第五串间隔保护信息分图
（a）保护软压板；（b）保护光字牌

3. 母线间隔

母线设备间隔宜将正母和副母布置在同一幅间隔分图上，显示包括母线 TV、母线接地开关在内的母线设备的全部信息，其保护软压板及保护光字牌可根据具体实际分设画面。500kV 某变电站母线间隔如图 3－12 所示。对于 35kV 及以下电压等级的母线，可以将多段母线设备布置在同一幅画面上。

图 3-12 500kV 某变电站母线间隔分图

4. 馈线间隔

以馈线的全部设备为一个间隔进行布置，馈线间隔应显示该馈线的全部信息。220kV 某变电站馈线间隔如图 3-13 所示。

图 3-13 220kV 某变电站馈线间隔分图

5. 母联间隔

母联设备宜以母联的全部设备为一个间隔进行布置，母联间隔应显示母联的全部信息。220kV 某变电站母联间隔如图 3-14 所示。

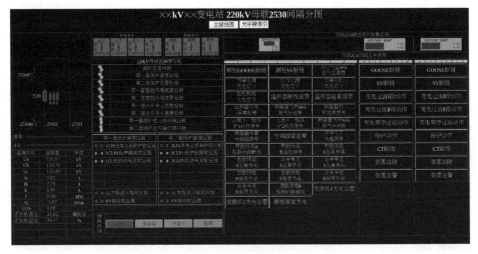

图 3-14　220kV 某变电站母联间隔分图

6. 分段间隔

分段设备宜以母线分段的全部设备为一个间隔进行布置，母线分段间隔应显示分段的全部信息。220kV 某变电站母线分段间隔如图 3-15 所示。

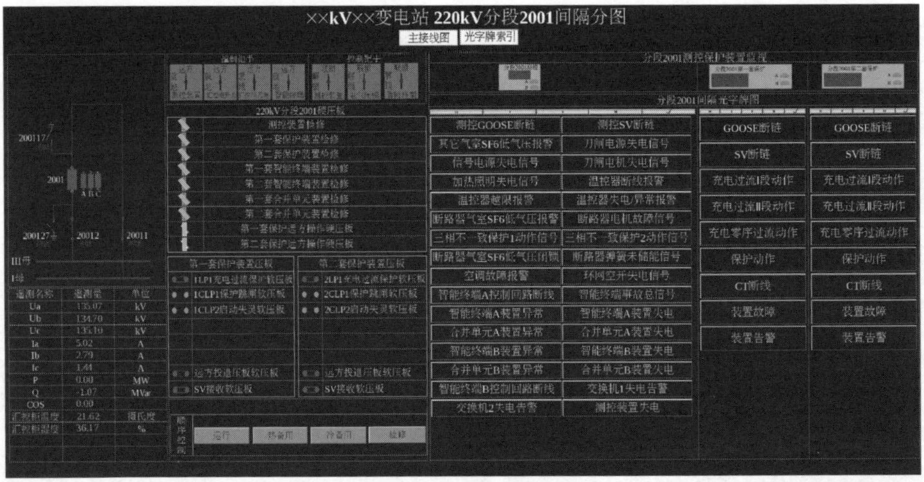

图 3-15　220kV 某变电站母线分段间隔分图

7. 站用变压器间隔

站用变压器间隔宜包括站用变压器的全部信息。某变电站 35kV 1 号站用变压器间隔如图 3-16 所示。

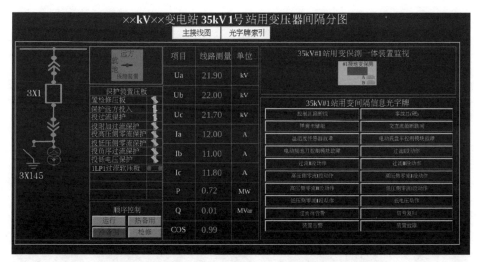

图 3-16　某变电站 35kV 1 号站用变压器间隔分图

8. 接地变压器间隔

目前智能变电站接地变压器间隔宜将接地变压器与接地装置（电阻箱、消弧线圈等）分设图形。某变电站 10kV 1 号接地变压器间隔如图 3-17 所示。

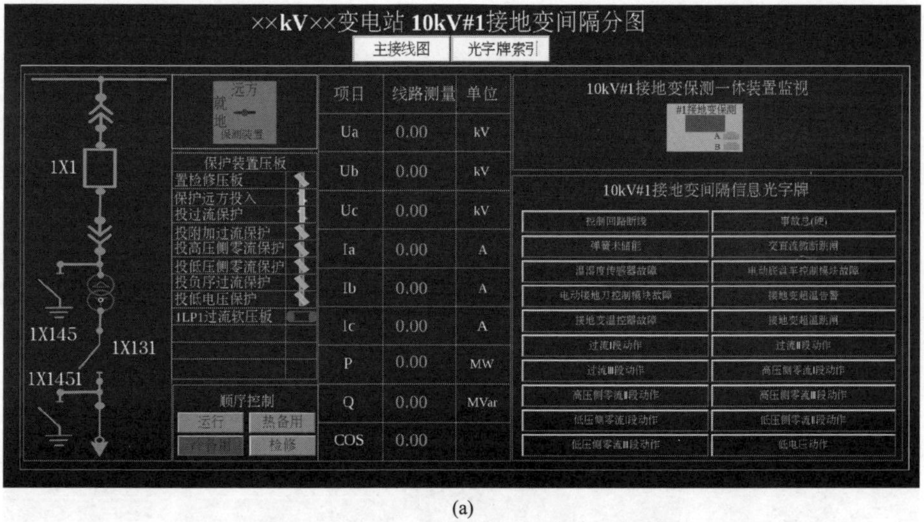

(a)

图 3-17　某变电站 10kV 1 号接地变压器间隔分图（一）
（a）接地变压器

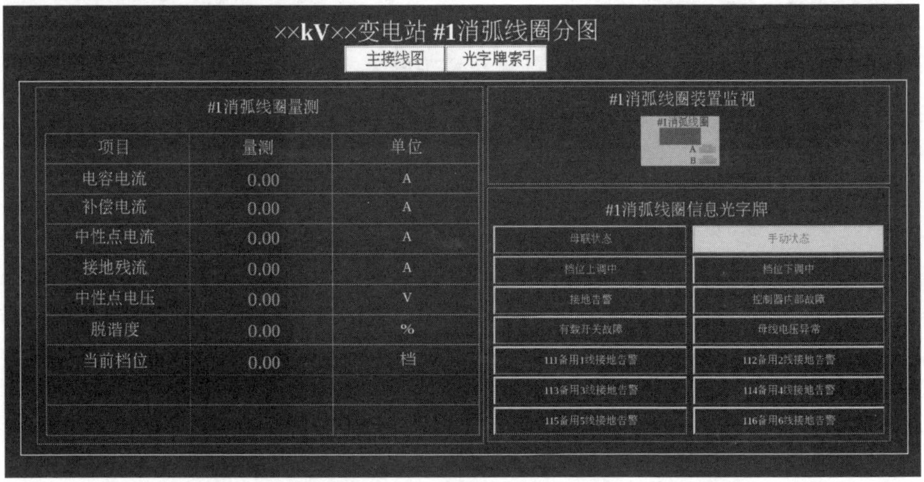

(b)

图 3-17 某变电站 10kV 1 号接地变压器间隔分图（二）

（b）消弧线圈

9. 电容器间隔

电容器间隔宜包括电容器断路器及电容器组设备的全部信息。某变电站 35kV 1 号电容器间隔如图 3-18 所示。

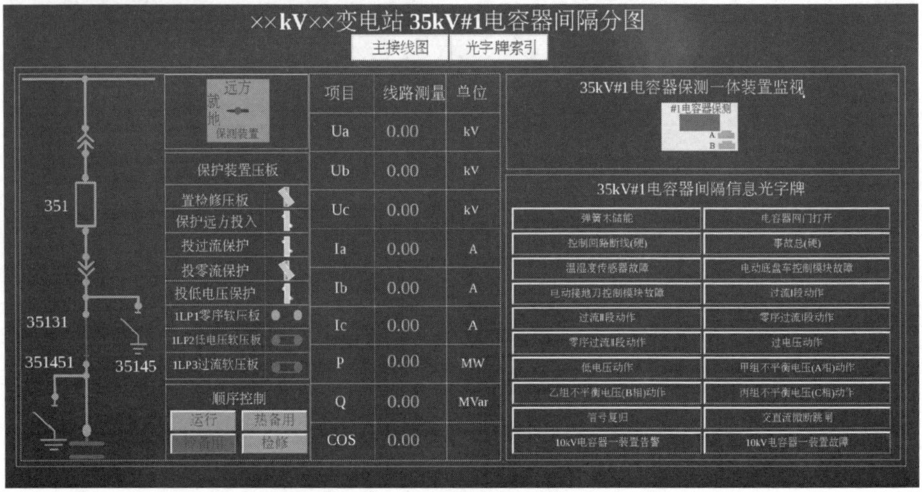

图 3-18 某变电站 35kV 1 号电容器间隔分图

10. 电抗器间隔

电抗器间隔宜包括电抗器断路器及电抗器设备的全部信息。某变电站 35kV 1 号电抗器间隔如图 3-19 所示。

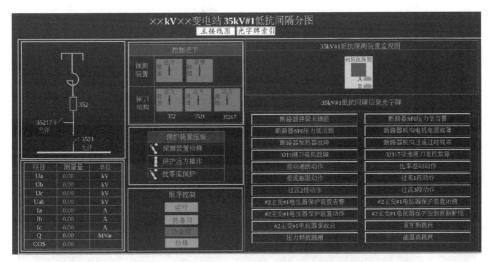

图 3-19　某变电站 35kV 1 号电抗器间隔分图

五、应用功能分图

变电站应用功能分图主要包括变电站站用直流电源信息监视功能图、变电站站用交流电源信息监视功能图、地选线试跳功能图和五防模拟预演功能图等。应用功能分图画面顶部为画面标题和跳转按钮，画面区域一般分为左右两个区域。左侧区域从上至而下可根据功能要求分别布置功能图，功能投退、复归及功能切换等控制按钮和相关量测信息。右侧区域可布置设备信息和告警信息光字牌。应用功能分图的布局可根据实际显示内容做适当的调整。五防模拟预演可直接使用主接线图和间隔分图。

（一）站用直流电源信息监视功能图

站用直流电源信息监视功能图画面顶部中央布置标题为"××kV××变电站站用直流电源信息监视功能图"，单击标题可跳转至索引页。若直流电源划分成几个部分，则设置多幅监视画面分别显示。

站用直流电源信息监视功能画面以方框分块布局，包含直流电源接线图、光字牌形式的告警显示、智能设备型号及其通信状态监视、表格形式的量测显示等。若直流电源智能设备未采集直流电源接线的隔离开关位置，在直流电源接线图上应能通过人工置数方式使直流电源接线图上的运行方式和实际一致。某变电站站用直流电源信息监视功能图如图 3-20 所示。

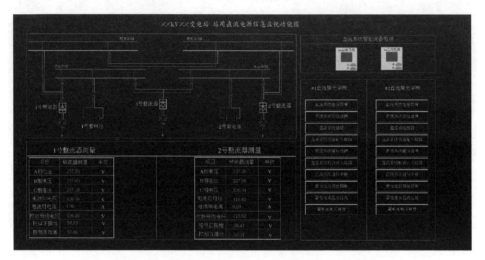

图 3-20　某变电站站用直流电源信息监视功能图

（二）站用交流电源信息监视功能图

站用交流电源信息监视功能图画面顶部中央布置标题为"××kV××变电站站用交流电源信息监视功能图"，单击标题可跳转至首页索引图。若交流电源划分成几个部分，则设置多幅监视画面分别显示，并在标题正下方设置"××kV××变电站站用交流电源××部分"跳转按钮，实现交流电源各部分信息监视功能图之间的互相跳转。

站用交流电源信息监视功能画面以方框分块布局，包含交流电源接线图、光字牌形式的告警显示、智能设备型号及其通信状态监视、表格形式的量测显示等。若交流电源智能设备未采集交流电源接线的隔离开关位置，在交流电源接线图上应能通过人工置数方式使交流电源接线图上的运行方式和实际一致。图 3-21 为一典型站用交流电源信息监视功能图。

（三）接地选线试跳功能图

接地选线试跳功能图画面顶部中央布置标题为"××kV××变电站接地选线

试跳功能图"，单击标题可跳转至首页索引图。接地选线试跳功能图以方框分块布局，包含接地选线试跳应用功能系统图、功能投退控制、试跳操作控制按钮以及母线接地故障告警光字牌、线路接地故障指示灯和量测数据显示等，如图3-22所示。

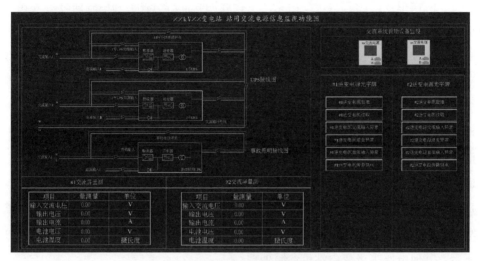

图3-21　站用交流电源信息监视功能图

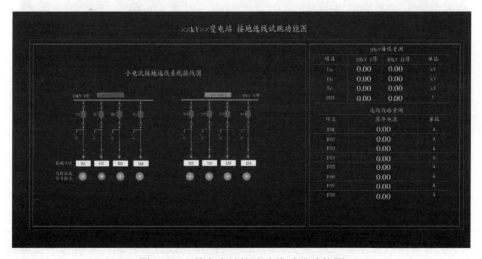

图3-22　某变电站接地选线试跳功能图

同时，接地选线试跳功能图应布置小电流接地试跳操作按钮，实现小电流接地试跳操作，接地试跳应输入操作人、监护人口令，并输入相应设备的编号。监控系统宜具备自动判别试跳线路是否接地的提示功能；接地选线画面上应具有相关母线 $3U_0$ 及各相电压量测值或相关信号的显示，能方便核对和判断接地线路。

（四）五防模拟预演图

五防模拟预演图宜直接使用系统主接线图和间隔分图，利用画面分层方式增加网门、临时接地线、五防间隔投退状态等相关信息，同时应包括运行人员倒闸操作所涉及的相关设备。变电站后台系统切换到五防模拟预演态，进行五防模拟预演功能时，主接线画面顶部中央应显示标题为"××kV××变电站五防模拟预演图"，单击标题可跳转至首页索引图。五防模拟预演功能应具备良好的权限管理，五防模拟操作预演结果，不应改变系统中各电气设备实际的遥信状态和遥测值，不应启动顺序控制程序，不应发出控制命令。五防模拟操作预演尚未结束，退出预演态时，提示是否取消五防模拟任务。五防模拟操作票界面应具备填写、打印操作票功能，操作票页面格式、语句、编号应能更改以满足要求，操作票填写应具有添加、删除操作语句功能。500kV 某变电站五防模拟预演图如图 3-23 所示，其他电压等级变电站可参照处理。

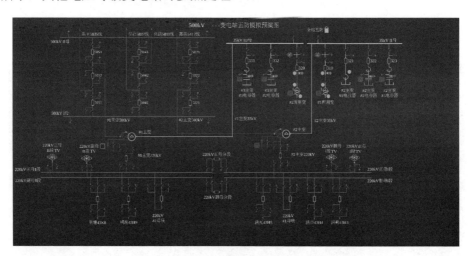

图 3-23　500kV 某变电站五防模拟预演图

在五防模拟预演图上应提供临时接地线操作（设置）界面，实现临时接地线的挂接和拆除操作。运行人员可将临时接地线设置在所有可能挂接地线的位置，确保临时接地线和现场接地线实际位置相一致。在五防模拟预演图中，网门、临时接地点图元放置在五防模拟预演画面对应现场实际位置处，其中接地桩编号标注在临时接地点图元右上方；临时接地线仅在挂接时在画面上显示，拆除时将不在画面上显示；在五防预演间隔分图中，间隔接线图左上方或右上方还应显示五防间隔投退状态。某变电站 10kV 电容器间隔五防模拟预演图如图 3–24 所示，其他设备间隔可参照执行。

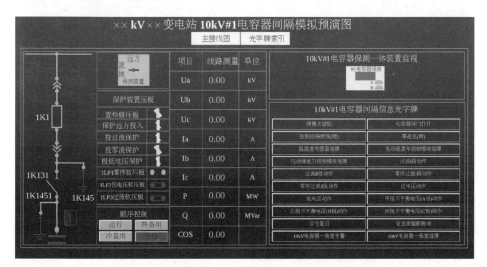

图 3–24　某变电站 10kV 电容器间隔五防模拟预演图

六、二次设备状态监视图

二次设备状态监视图包括变电站二次设备结构总图和各小室二次设备状态监视图、交换机端口状态监视图、GOOSE 链路状态图、SV 链路状态图、间隔五防 GOOSE 网络链路图及二次设备对时状态监视图等。变电站二次设备结构总图顶部中央布置标题为"××kV××变电站二次设备结构总图"，画面区域一般分为上、中、下三个区域。上侧区域布置站控层设备信息，中侧区域布置间隔层设备信息，下侧区域布置设备图例信息及过程层设备信息，如图 3–25 所示。

画面显示整个变电站二次系统的网络结构，监视监控主机、数据服务器、综合应用服务器以及通信网关机等站控层设备的运行工况，并能反映间隔层和过程层设备的运行工况以及中心交换机级联端口的通信状态。并设置监视分图的跳转按钮，单击跳转按钮可直接跳转至各小室二次设备状态监视图、GOOSE 链路图和二次设备对时状态监视图等监视分图。

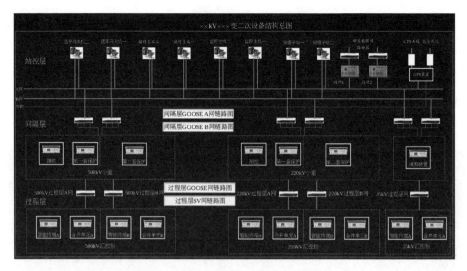

图 3-25　变电站二次设备结构总图

二次设备状态监视图顶部中央布置为"××kV××变电站××小室二次设备状态监视图"，单击标题可跳转至变电站二次设备结构总图。画面应显示各小室二次设备的网络结构，监视保护装置、测控装置及其他与站控层通信的二次智能设备的运行工况，并可以通过标签等方式显示二次设备的型号、设备名称、生产厂家等信息，如图 3-26 所示。

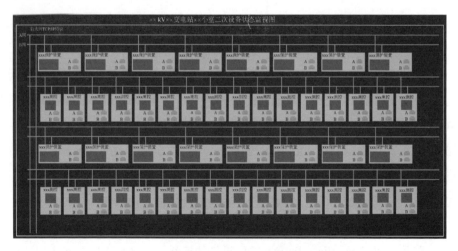

图 3-26　变电站小室二次设备状态监视图

二次设备对时状态监视图顶部中央布置标题为"××kV××变电站二次设备对时状态监视图"，单击标题可跳转至变电站二次设备结构总图。画面应显示整个时间同步系统的对时网络结构，并按照对时来源布置各类二次设备，显示二次设备的对时状态，如图 3-27 所示。

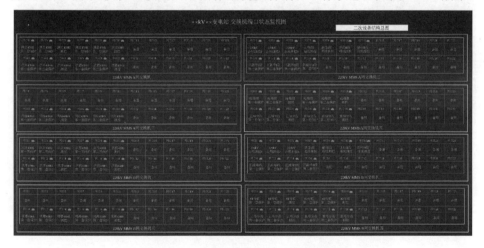

图 3-27 变电站二次设备对时状态监视图

交换机端口状态监视图顶部中央布置标题为"××kV××变电站交换机端口状态监视图"，单击标题可跳转至变电站二次设备结构总图。交换机端口状态监视图应能显示交换机连接的网络拓扑结构及各端口工作状态，如图 3-28 所示。

图 3-28 变电站交换机端口状态监视图

链路状态图顶部中央布置标题为"××kV××变电站××链路图"。GOOSE网络链路或 SV 链路图以二维表的形式显示各设备之间链路的通信状态，横列为接收端装置，纵列为发送端装置。如链接采用双网连接，需要列出 A、B 网的通信状态，并以文字标注网络标识，如图 3-29 和图 3-30 所示。

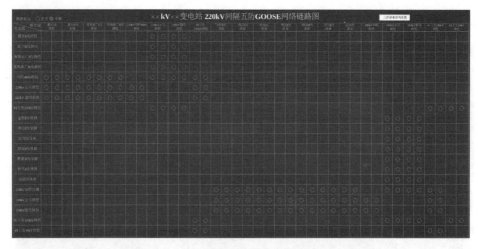

图 3-29　220kV 间隔五防 GOOSE 网络链路图

图 3-30　220kV 线路间隔过程层链路状态图

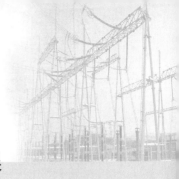

第四章 智能变电站防误设置及验收

智能变电站具有完善的全站性实时防误闭锁功能，站内设备具有完备的闭锁逻辑。对于 110kV 及以上设备，一般采用"监控系统防误闭锁+设备间隔内电气闭锁"的方式来实现防误操作功能；若采用 GIS 设备，则一般采用"监控系统防误闭锁+完善的电气闭锁"的方式来实现防误操作功能；35kV 及以下电压等级开关柜间隔由于接线方式简单，其防误回路相对比较简单，一般采用电气闭锁、柜内机械闭锁来实现防误功能。

第一节 智能变电站与常规变电站防误技术区别

一、操作方式

常规变电站就地操作是在变电站间隔层 I/O 测控单元上和设备间隔端子箱内或机构箱内对设备所进行的操作。

智能变电站就地操作是在智能终端处或机构箱内对设备所进行的操作。

二、解锁方式

常规变电站解锁分为间隔层 I/O 测控单元软解锁和间隔层 I/O 测控单元硬解锁，均是在测控装置上进行的操作。

智能变电站解锁则在间隔层 I/O 测控单元软解锁和间隔层 I/O 测控单元硬解锁基础上，增加智能终端处防误硬解锁。由于回路中监控系统闭锁最终是通过智能终端输出的闭锁触点实现，因此在智能终端闭锁输出触点异常或故障情况下，间隔层 I/O 测控单元软解锁和硬解锁均无法实现对设备的解锁功能。

三、控制开关设置

每个间隔智能终端处设置一个解锁开关，若智能终端为双套配置，则一般在第一套智能终端处设置一个解锁开关。该解锁开关一般带有钥匙控制功能，具有"联锁/解锁"两个位置，在"联锁"位置时钥匙才能拔出，钥匙拔出后能锁住解锁转换开关。

智能终端处单独引出的断路器远近控切换开关，一般不带钥匙闭锁功能，设置"远控""近控"两个状态位置。

智能终端处单独引出的断路器分合闸控制开关，一般带钥匙闭锁功能，具有"分""合""断"三个状态位置，操作后能自动返回"断"的位置，一个控制开关对应一把钥匙（不通用）。

第二节　防　误　设　置

一、110kV 及以上电压等级敞开式间隔

110kV 及以上电压等级敞开式间隔一般采用"站端监控系统防误闭锁+设备间隔内电气闭锁"的方式来实现防误操作功能，不设置独立的微机防误操作系统。

（一）站端监控系统防误闭锁

站端监控系统应具有完善的全站性防误闭锁功能，除判别本间隔的闭锁条件外，一般还对其他跨间隔的相关闭锁条件进行判别。接入站端监控系统进行防误判别的断路器、隔离开关及接地开关等一次设备位置信号一般采用动合、动断双位置接入校验。

（二）间隔电气闭锁

各电气设备间隔设置本间隔内的电气闭锁回路，一般不设置跨间隔之间的电气闭锁回路，跨间隔的防误闭锁功能由站端监控系统实现。

（三）解闭锁回路设置

站端监控系统防误闭锁与间隔内电气闭锁形成"串联"关系。站端监控系统防误闭锁回路及间隔内电气闭锁回路分别设置解闭锁（简称解锁）回路。其解锁回路的一般设置如下：

（1）解除监控系统防误逻辑闭锁时，不联解设备间隔内电气闭锁。

（2）解除设备间隔内电气闭锁时，不联解监控系统防误逻辑闭锁。

（四）闭锁逻辑与操作方式

一般变电站的隔离开关、接地开关具备电动、遥控功能，手动操作时也具有防误闭锁功能，其闭锁条件与电动操作时保持一致。

隔离开关操作回路的典型原理图如图4－1所示，图中LD为远近控切换开关，PC、PO为近控操作按钮，L为手摇操作电磁锁（隔离开关自带）。

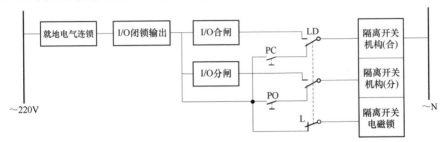

图4－1 隔离开关操作回路典型闭锁原理图

（五）专用接地装置的闭锁及布置

变电站常用临时接地线的接地点，一般设置专用接地装置。专用接地装置的位置触点接入对应测控装置，并参与防误闭锁逻辑条件判别：一般专用接地装置的动合动作触点与对应接地开关动合辅助触点并联并接入测控装置；装置的动断动作触点与对应接地开关动断辅助触点串联并接入测控装置，装置无对应接地开关的，其位置信号应单独接入测控装置。

变电站内专用接地装置的设置如下：

（1）主变压器本体各侧分别设置一个接地装置（含带消弧线圈的中性点侧）；

（2）消弧线圈进线开关与消弧线圈之间设置一个接地装置；

（3）站用变压器的高、低压侧各设置一个接地装置；

（4）室外电容器、电抗器进线电缆处设置一个接地装置；

（5）35kV 以及下开关柜，在各段母线设置一个接地装置（桥架过桥处或电压互感器手车柜处）；

（6）其他无接地开关配置但需满足检修工作的固定接地点。

二、110kV 及以上电压等级 GIS（HGIS）间隔

一般采用"站端监控系统防误闭锁+完善的电气闭锁"的方式来实现防误操

作功能，不设置独立的微机防误操作系统。各电气设备间隔设置完善的电气闭锁回路，站端监控系统防误闭锁与间隔内电气闭锁形成"串联"关系。

一般线路带电显示器闭锁线路接地开关接入本间隔电气闭锁，线路电压互感器二次电压闭锁线路接地开关接入站端监控系统闭锁。

三、35kV 及以下电压等级开关柜间隔

35kV 及以下电压等级开关柜间隔接线方式简单，其防误回路相对比较简单，一般采用电气闭锁、柜内机械闭锁来实现防误功能。电动操作和手动操作具有同样的闭锁功能和闭锁条件。

（一）线路间隔

一般线路开关手车在"试验"位置，线路带电显示器显示三相无电，后仓门关闭，才能合上线路接地开关；线路接地开关分开，才能将开关手车从"试验"位置摇至"工作"位置。

（二）母线电压互感器间隔

柜后仓若有高压设备，则一般后仓门打开需要手车在"试验"位置；后仓门关闭才能将手车从"试验"位置摇至"工作"位置。

（三）分段断路器及分段隔离开关间隔

柜后仓门打开需要分段断路器手车、分段隔离开关手车均在"试验"位置；分段断路器及分段隔离开关柜后仓门均关闭，才能将分段断路器手车、分段隔离开关手车从"试验"位置摇至"工作"位置。

（四）电容器间隔

一般电容器开关手车在"试验"位置，电容器组隔离开关分开，才能合上电容器柜上接地开关；电容器组网门关闭，电容器组隔离开关合上，才能将电容器开关手车从"试验"位置摇至"工作"位置。

（五）电抗器间隔

一般电抗器开关手车在"试验"位置，电抗器组隔离开关分开，才能合上电抗器柜上接地开关；电抗器组网门关闭，电抗器组隔离开关合上，才能将电抗器开关手车从"试验"位置摇至"工作"位置。

（六）接地变压器间隔

一般接地变压器开关手车在"试验"位置，才能合上接地变压器柜上接地开

关；接地变压器柜上接地开关合上，才能打开接地变压器网门，装设接地变压器高、低压桩头侧接地线；接地变压器网门关闭，接地变压器高、低压桩头侧接地线拆除，接地变压器柜上接地开关分开，才能将接地变压器开关手车从"试验"位置摇至"工作"位置。

（七）消弧线圈间隔

一般消弧线圈隔离开关分开，才能打开消弧线圈网门，装设消弧线圈高压桩头侧接地线；消弧线圈网门关上，消弧线圈高压桩头侧接地线拆除，相应母线上无单相接地，才能合上消弧线圈隔离开关。

（八）站用变压器间隔

一般站用变压器开关手车在"试验"位置，站用变压器高压隔离开关分开，才能合上站用变压器柜上接地开关；站用变压器网门关闭，站用变压器隔离开关合上，才能将站用变压器开关手车从"试验"位置摇至"工作"位置。

四、站端监控系统

（一）站端监控系统的实现

监控系统具有完善的全站性逻辑闭锁功能，除判别本间隔内的闭锁条件外，一般还对其他跨间隔的相关闭锁条件进行判别。

间隔层 I/O 测控单元内建立防误规则库，一般可通过当地操作员工作站下载和上传，能以直观的文本显示。由于"防止误分、误合断路器"无强制性措施，因此一般在当地操作员工作站上设置预演模拟功能，相关设备只有在监控系统进行预演操作后，才开放相关预演设备遥控功能，达到防误要求。

监控系统的防误逻辑闭锁条件除了判断相关设备状态外，一般还加入必要的模拟量进行判别，间隔内隔离开关操作条件加入本间隔 TA 二次无电流的判据，母线接地开关操作条件加入相应母线无电压的判据。

（二）操作员工作站一般功能要求

（1）具备完善的全站性防误闭锁功能，其防误规则库应与 I/O 测控单元中的完全一致。

（2）具备通用防误规则管理软件，提供编辑防误规则模板。通用防误规则模板可以生成包含各种常用典型接线的通用防误规则库文件。

（3）防误系统可通过操作员工作站向总控装置、间隔层 I/O 测控单元下载和上传防误规则实例文件。上传的防误规则可自动与操作员工作站中的防误规则库校对，发现规则不一致时能提示，并具有防误规则表打印功能。

（4）具备防误规则校验功能的模拟预演功能，模拟预演界面与正式操作界面应有明显的视觉区分。模拟预演后正式操作时和预演进行比对，发现不一致中止操作并告警。

（5）具有防误规则自动检验功能，以检验是否满足各类运行操作，检验可通过模拟功能进行各类运行操作校验。

（6）具有操作核对确认功能，在进行遥控操作时输入设备编号、操作人、监护人后方可执行操作，并保证设备编号的唯一性。

五、变电站典型闭锁逻辑

变电站主接线方式、设备类型各有差异，导致了其采用的闭锁逻辑的差异性。现针对目前变电站常见接线形式和设备类型的典型逻辑进行展示，其他类型的接线方式和设备类型的变电站可参照执行。

（一）500kV 变电站闭锁逻辑

1. 3/2 接线闭锁逻辑

500kV 变电站通常采用 3/2 接线方式，以某 500kV 变电站第四完整串为例，其一次接线如图 4-2 所示。其中，M 代表母线，ES 代表断路器接地开关，MD 代表母线接地开关，QS 代表隔离开关，QF 代表断路器。

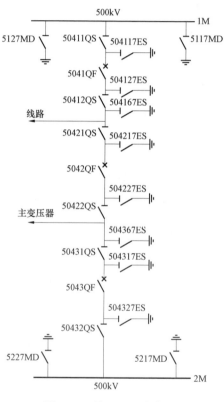

图 4-2　某 500kV 变电站
某完整串 3/2 接线示意图

该完整串隔离开关及接地开关的电气及测控闭锁逻辑如图 4-3 所示。

图中，1M 代表正母线，2M 代表副母线，QF 代表断路器，QS 代表隔离开关，GD 代表线路或变压器接地开关，GDL 代表线路或变压器专用接地装置，1GDL 即代表 1GD 接地开关对应的专用接地装置，KV 代表电压继电器，本节中，220kV 及以下设备一次接线及闭锁逻辑图中，如无特殊说明，相关的缩写释义保持一致。

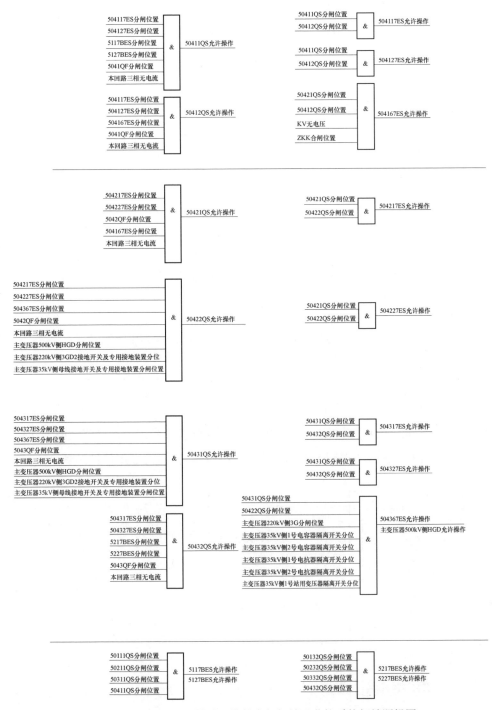

图 4-3　隔离开关及接地开关的电气闭锁及监控系统闭锁逻辑图

注：以第四串为例，其余各串闭锁逻辑类似。

2. 220kV 线路闭锁逻辑

以某 500kV 变电站为例，其 220kV 侧为双母线接线方式，其一次接线方式及相关设备的防误闭锁逻辑如图 4-4 所示，其具有专用接地装置。

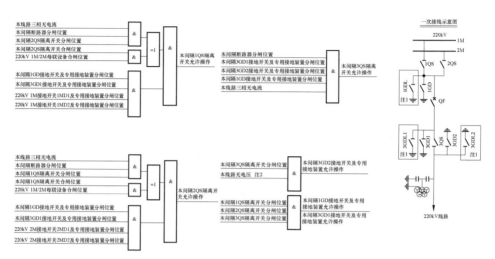

图 4-4　220kV 线路一次接线方式及防误闭锁逻辑图

注：1. 此为专用接地装置，专用接地装置要求具备动合、动断辅助触点。
　　2. 无电压指"带电显示无电压"或"KV 无电压+空开合闸位置"。

3. 220kV 母联闭锁逻辑

以某 500kV 变电站为例，其 220kV 侧为双母线接线方式，母联间隔一次接线方式及相关设备的防误闭锁逻辑如图 4-5 所示，其具有专用接地装置。

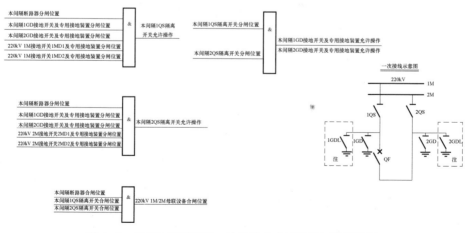

图 4-5　220kV 母联间隔一次接线方式及防误闭锁逻辑图

注：此为专用接地装置。专用接地装置要求具备动合、动断辅助触点。

4. 220kV 分段闭锁逻辑

以某 500kV 变电站为例，其 220kV 侧为双母线接线方式，分段间隔一次接线方式及相关设备的防误闭锁逻辑如图 4-6 所示，其具有专用接地装置。

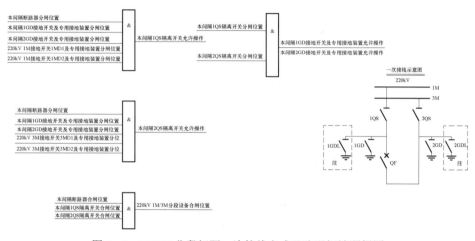

图 4-6 220kV 分段间隔一次接线方式及防误闭锁逻辑图

注：此为专用接地装置，专用接地装置要求具备动合、动断辅助触点。

5. 220kV 母线闭锁逻辑

以某 500kV 变电站为例，其 220kV 侧为双母线接线方式，母线间隔一次接线方式及相关设备的防误闭锁逻辑如图 4-7 所示，其具有专用接地装置。图中，MD 代表母线接地开关，MDL 代表母线专用接地装置。

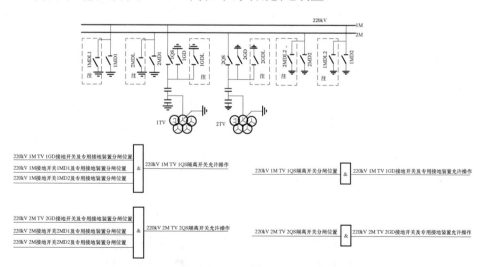

图 4-7 220kV 母线间隔一次接线方式及防误闭锁逻辑图

注：此为专用接地装置，专用接地装置要求具备动合、动断辅助触点。

6. 主变压器220kV侧闭锁逻辑

以某500kV变电站为例，其220kV侧为双母线接线方式，具有专用接地装置，主变压器220kV侧一次接线方式及相关设备的防误闭锁逻辑如图4-8所示。

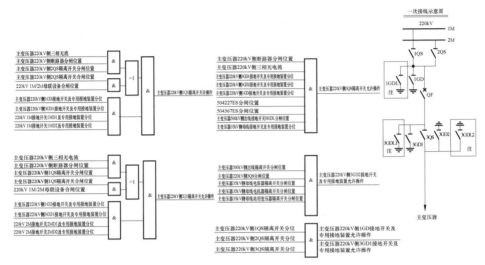

图4-8　主变压器220kV侧间隔一次接线方式及防误闭锁逻辑图

注：此为专用接地装置，专用接地装置要求具备动合、动断辅助触点。

7. 35kV电容器闭锁逻辑

以某500kV变电站35kV电压等级电容器为例，其具有专用接地装置，其一次接线及闭锁逻辑如图4-9所示，其他结构形式的电容器闭锁逻辑类似。

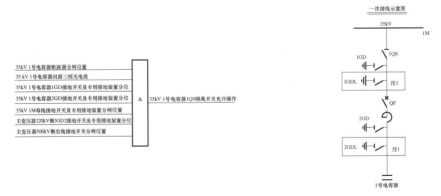

图4-9　某35kV电容器间隔一次接线方式及防误闭锁逻辑图

注：1. 此为专用接地装置，专用接地装置要求具备动合、动断辅助触点。

　　2. 以1号电容器为例，其余类同。

8. 35kV 电抗器闭锁逻辑

以某 500kV 变电站 35kV 电压等级电抗器为例，其具有专用接地装置，其一次接线及闭锁逻辑如图 4-10 所示，其他结构形式的电抗器闭锁逻辑类似。

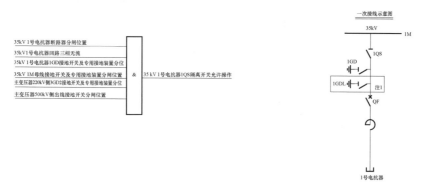

图 4-10　某 35kV 电抗器间隔一次接线方式及防误闭锁逻辑图

注：1. 此为专用接地装置，专用接地装置要求具备动合、动断辅助触点。

2. 以 1 号电抗器为例，其余类同。

9. 35kV 站用变压器闭锁逻辑

以某 500kV 变电站 35kV 电压等级站用变压器为例，其具有专用接地装置，其一次接线及闭锁逻辑如图 4-11 所示，其他结构形式的电抗器闭锁逻辑类似。图中，HGDL、LGDL 分别代表站用变压器高压侧、低压侧专用接地装置。

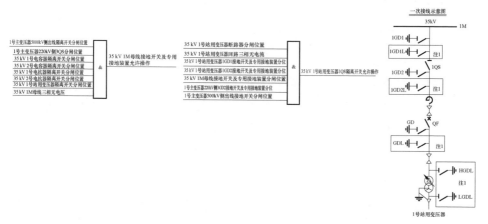

图 4-11　某 35kV 站用变压器间隔一次接线方式及防误闭锁逻辑图

注：1. 此为专用接地装置，专用接地装置要求具备动合、动断辅助触点。

2. 以 1 号站用变压器为例，2 号站用变压器类同。

（二）220kV 变电站闭锁逻辑

对于 220kV 变电站，220kV 侧（如线路、母线、分段、母联间隔）在与 500kV 变电站 220kV 侧接线形式一致的情况下，其闭锁逻辑可参考 500kV 变电站 220kV 电压等级设备的相关闭锁逻辑，故 220kV 变电站 220kV 电压等级设备闭锁逻辑不再一一给出。

1. 主变压器 110kV 侧闭锁逻辑

以某 220kV 变电站为例，110kV 侧为双母线接线形式，其主变压器 110kV 侧带有专用接地装置。主变压器 110kV 侧一次接线及闭锁逻辑如图 4－12 所示。

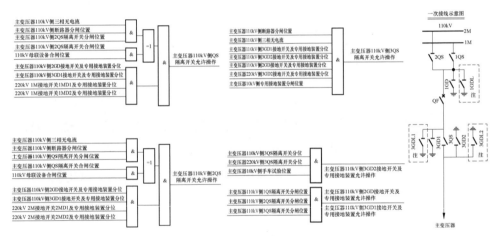

图 4－12　主变压器 110kV 侧一次接线方式及防误闭锁逻辑图

注：此为专用接地装置，专用接地装置要求具备动合、动断辅助触点。

2. 主变压器 10kV 侧闭锁逻辑

以某 220kV 变电站为例，10kV 侧为两分支接线形式，其主变压器 10kV 侧带有专用接地装置。主变压器 10kV 侧一次接线及闭锁逻辑如图 4－13 所示。图中 GDL 为变压器专用接地装置。

3. 110kV 线路闭锁逻辑

以某 220kV 变电站为例，110kV 侧为双母线接线方式，具有专用接地装置。110kV 线路间隔一次接线方式及防误闭锁逻辑如图 4－14 所示。

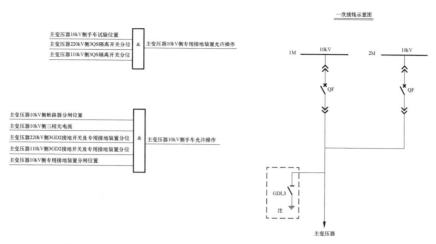

图 4-13　主变压器 10kV 侧一次接线方式及防误闭锁逻辑图

注：此为专用接地装置，专用接地装置要求具备动合、动断辅助触点。

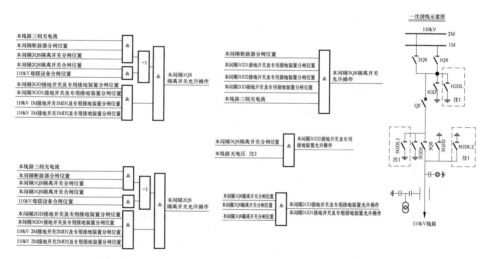

图 4-14　110kV 线路间隔一次接线方式及防误闭锁逻辑图

注：1. 此为专用接地装置，专用接地装置要求具备动合、动断辅助触点。

2. 无电压指"带电显示无电压"或"KV 无电压+空开合闸位置"。

4. 110kV 母联闭锁逻辑

以某 220kV 变电站为例，110kV 侧为双母线接线方式，母联间隔具有专用接地装置。110kV 母联间隔一次接线方式及防误闭锁逻辑如图 4-15 所示。

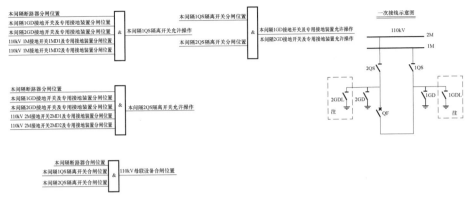

图 4-15 110kV 母联间隔一次接线方式及防误闭锁逻辑图

注：此为专用接地装置，专用接地装置要求具备动合、动断辅助触点。

5. 110kV 母线闭锁逻辑

以某 220kV 变电站为例，110kV 侧为双母线接线方式，具有专用接地装置。110kV 母线间隔一次接线方式及防误闭锁逻辑如图 4-16 所示。

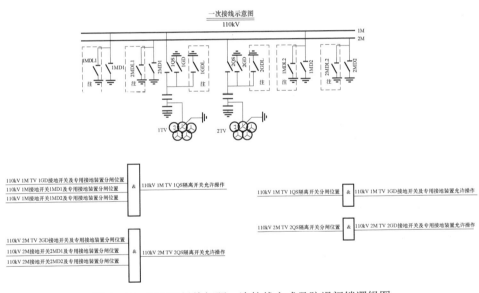

图 4-16 110kV 母线间隔一次接线方式及防误闭锁逻辑图

注：此为专用接地装置，专用接地装置要求具备动合、动断辅助触点。

（三）110kV 变电站闭锁逻辑

1. 110kV 线路闭锁逻辑

以某 110kV 变电站为例，其 110kV 侧为单母线接线方式，110kV 线路间隔带有专用接地装置。其 110kV 线路一次接线方式及闭锁逻辑如图 4-17 所示。

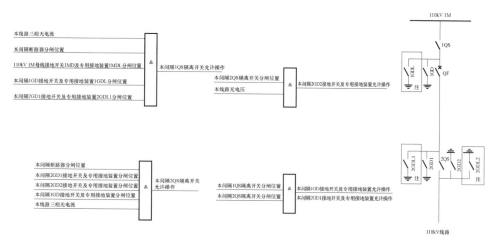

图4-17 110kV单母线接线线路间隔一次接线方式及防误闭锁逻辑图

注：此为专用接地装置，专用接地装置要求具备动合、动断辅助触点。

2. 110kV分段闭锁逻辑

以某110kV变电站为例，110kV侧为单母线分段接线方式，分段间隔带有专用接地装置。其110kV分段间隔一次接线方式及闭锁逻辑如图4-18所示。

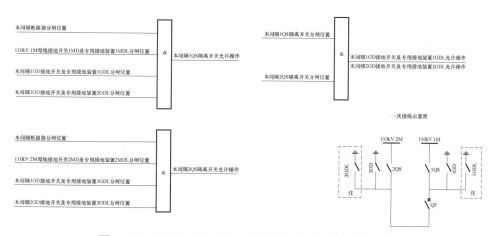

图4-18 110kV分段间隔一次接线方式及防误闭锁逻辑图

3. 110kV母线闭锁逻辑

以某110kV变电站为例，其110kV侧为单母线分段接线方式，母线设备带有专用接地装置。110kV母线一次接线方式及闭锁逻辑如图4-19所示。

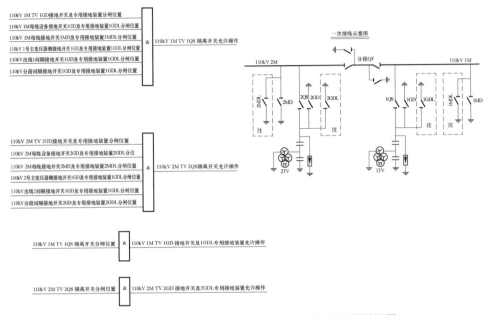

图 4-19　110kV 母线间隔一次接线方式及防误闭锁逻辑图

注：此为专用接地装置，专用接地装置要求具备动合、动断辅助触点。

4. 主变压器 110kV 侧闭锁逻辑

以某 110kV 变电站为例，其 110kV 侧为单母线接线方式，主变压器间隔带有专用接地装置。主变压器 110kV 侧一次接线方式及闭锁逻辑如图 4-20 所示。

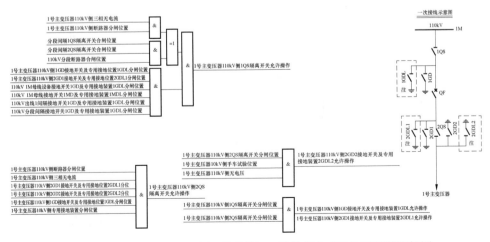

图 4-20　主变压器 110kV 侧（单母线）一次接线方式及防误闭锁逻辑图

注：此为专用接地装置，专用接地装置要求具备动合、动断辅助触点。

5. 主变压器 10kV 侧闭锁逻辑

以某 110kV 变电站为例，其 110kV 侧为两分支接线方式，带有专用接地装置。主变压器 10kV 侧一次接线方式及闭锁逻辑如图 4-21 所示。

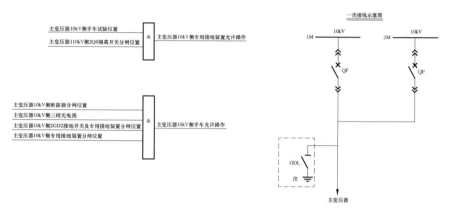

图 4-21　主变压器 10kV 侧（两分支）一次接线方式及防误闭锁逻辑图
注：此为专用接地装置，专用接地装置要求具备动合、动断辅助触点。

第三节　防　误　验　收

一、资料及文件验收

（一）五防装置原理资料验收

（1）防误闭锁原理接线图齐全、整洁，与现场实际一致。

（2）断路器、隔离开关操作回路闭锁原理接线图齐全、整洁，与现场实际一致。

（3）电气闭锁回路图和编码锁电气接线图齐全、整洁，与现场实际一致。

（4）接地桩布置图齐全、整洁，与现场实际一致。

（5）防误装置与其他装置的通信网络图齐全、整洁，与现场实际一致。

（二）出厂资料验收

（1）防误装置及相关元件的出厂合格证与现场一致。

（2）现场调试报告或自检报告正确、齐全。

（3）闭锁软件逻辑库和数据库备份正确、齐全。

二、防误锁具验收

（1）防误锁具位置安装正确、牢固可靠，防误锁具及附件无锈蚀，接线整齐美观。

（2）防误锁具的锁栓动作灵活、无卡涩，锁栓的锁孔堵位精确、牢固可靠。

（3）全部防误锁具接入分控器无错位，接头压接符合工艺要求，回路测试完好，室外隔离开关锁控线用金属软管及钢带敷设固定。

（4）全部防误锁控线套管及锁具标示牌清晰、无误。

（5）接地防误锁接地可靠且符合相应系统短路接地运行要求。

三、二次接线验收

（1）二次电缆排列须整齐美观、固定牢固，接线整齐美观，接头压接铜丝无外露，电缆线与带电设备之间有足够的安全距离。

（2）弱电、强电二次回路接线端子之间有隔离端子。

（3）通信总线地下钢管、电缆沟及柜内 PVC 管敷设，电缆沟中的走线或直埋电缆均加有防护套，接至室外锁具的二次电缆线有软防护套。

四、编制防误验收表

防误验收表中，接地开关的电磁锁与相应接地开关的闭锁逻辑一致，隔离开关手动方式与电动方式的闭锁逻辑一致。由于页面限制，文中接地开关相应的电磁锁的闭锁逻辑不再一一列出。

（一）220kV 变电站防误验收表

以图 4-22 所示的 220kV 变电站为例，其 220kV 侧为双母线单分段接线方式，110kV 侧为双母线接线方式，10kV 侧为单母线分段接线方式，每台主变压器有两个 10kV 分支开关。图中隔离开关编号说明如下。

母线隔离开关：正母隔离开关末位为 1，副母隔离开关末位为 2，线路或变压器隔离开关末位为 3，所有间隔（分段除外）内接于奇数段母线隔离开关末位为 1，接于偶数段母线隔离开关末位为 2，分段间隔接于编号较小段母线隔离开关末位为 1，接于编号较大段母线隔离开关末位为 2；单母线分段接线方式下，所有间隔（分段除外）母线隔离开关末位为 1，分段间隔接于编号较小段母线隔离开关末位为 1，接于编号较大段母线隔离开关末位为 2。

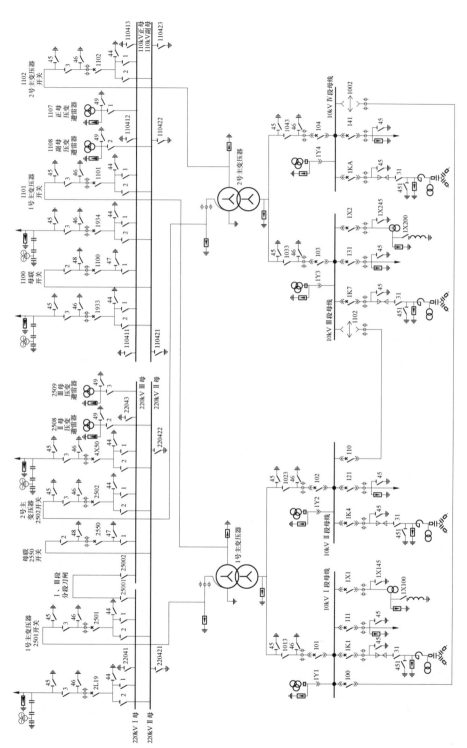

图 4-22 某 220kV 变电站简化一次系统接线图

母线接地开关：双母线接线方式下，正母接地开关末位为 41，副母接地开关末位为 42，当有多把接地开关时，则在母线接地开关后加序号，如 220kV 母线上有三把独立接地开关，则编号分别为 220441、22043、220442。

开关及线路、变压器接地开关：与母线相连的间隔内，开关的母线侧接地开关末位为 44，开关的出线侧接地开关末位为 46，线路侧线路接地开关末位为 45；主变压器侧主变压器接地开关末位为 45；母联间隔正母侧开关接地开关末位为 47，母联间隔副母侧开关接地开关末位为 48；双母单分段接线方式下，母联间隔奇数段母线侧开关接地开关末位为 47，偶数段母线侧开关接地开关末位为 48。分段间隔编号较小段母线侧开关接地开关末位为 47，编号较大段母线侧开关接地开关末位为 48。电压互感器避雷器组或者避雷器接地开关末位为 49。

1. 220kV 线路本间隔电气闭锁

以图 4-22 所示变电站的 220kV 线路 2L19 间隔为例，其间隔电气闭锁验收表见表 4-1。表格中"分"代表对应列设备处于分位，开放本设备本行对应设备的闭锁；表格中"合"代表对应列设备处于合位，开放本设备本行对应设备的闭锁；表格中"—"表示该行列对应的设备无闭锁关系。如 2L19 断路器在分位时，冷倒操作中，2L191 闭锁逻辑满足 2L19 断路器分位条件。本章中其他闭锁验收表如无特殊说明，"分""合""—"释义与表 4-1 一致，不再赘述。

表 4-1　　　　　　　　　220kV 2L19 间隔电气闭锁验收表

序号	隔离开关	2L19	2L191	2L192	2L193	2L1944	2L1946	2L1945	线路电压互感器二次	验收情况
1	2L19	—	—	—	—	—	—	—	—	
2	2L191	分	—	分	—	分	分	—	—	
				合		分	分			
3	2L192	分	分		分	分	分			
		—	—	合		分	分			
4	2L193	分				分	分	分		
5	2L1944		分	分	分					
6	2L1946		分	分	分	—	—			
7	2L1945				分				无电	
存在问题:										

2. 220kV 线路监控系统闭锁

以图 4-22 所示变电站的 2L19 线路间隔为例，该站 220kV 侧主接线形式为双母线分段接线，其 2L19 间隔监控系统闭锁验收表见表 4-2。

表 4-2　　　　　　　　　220kV 2L19 间隔监控系统闭锁验收表

序号	隔离开关	2L19	2L191	2L192	2L193	2L1944	2L1946	2L1945	22041	220421	220422	线路电压互感器二次	母联2550	验收情况
1	2L19	—	—	—	—	—	—	—					—	
2	2L191	分	—	分	—	分	分	—	分				—	
		—	—	合	—	分	分	—	分				运行	
3	2L192	分	分			分	分			分	分		—	
		—	合			分	分			分	分		运行	
4	2L193	分	—	—		分	分	分					—	
5	2L1944	—	分	分	分	—								
6	2L1946	—	分	分	分									
7	2L1945	—			分							无电		

存在问题：

3. 220kV 母联间隔电气闭锁

以图 4-22 所示变电站的 220kV 2550 母联间隔为例，其间隔电气闭锁验收表见表 4-3。

表 4-3　　　　　　　　　220kV 2550 母联间隔电气闭锁验收表

序号	隔离开关	2550	25501	25502	255047	255048	验收情况
1	2550	—	—	—	—	—	
2	25501	分	—	—	分	分	
3	25502	分	—	—	分	分	
4	255047	—	分	分	—	—	
5	255048	—	分	分	—	—	

存在问题：

4. 220kV 母联监控系统闭锁

以图 4-22 所示变电站的 220kV 2550 母联间隔为例，其监控系统闭锁验收表见表 4-4。

表 4-4　　　　　　　　220kV 母联监控系统闭锁验收表

序号	隔离开关	2550	25501	25502	255047	255048	22041	22042	验收情况
1	2550	—	—	—	—	—	—	—	
2	25501	分	—	—	分	分	分	—	
3	25502	分	—	—	分	分	—	分	
4	255047	—	分	分	—	—	—	—	
5	255048	—	分	分	—	—	—	—	
存在问题：									

5. 220kV 母线本间隔电气闭锁

以图 4-22 所示变电站的 220kV 母线间隔为例，其本间隔电气闭锁验收表见表 4-5。接地开关的电磁锁与相应接地开关的闭锁逻辑一致，隔离开关手动方式也要验证。

表 4-5　　　　　　　220kV 母线本间隔电气闭锁验收表

序号	隔离开关	22041	25093	250949	22042	25082	250849	验收情况
1	22041	—	分	—	—	—	—	
2	25093	分	—	分	—	—	—	
3	250949	—	分	—	—	—	—	
4	22042	—	—	—	—	分	—	
5	25082	—	—	—	分	—	分	
6	250849	—	—	—	—	分	—	
存在问题：								

6. 220kV 母线监控系统闭锁

以图 4-22 所示变电站的 220kV 母线间隔为例，其监控系统闭锁验收表见表 4-6。间隔正母隔离开关涵盖所有正母间隔隔离开关，间隔副母隔离开关涵盖所有副母间隔隔离开关。

表 4-6　　　　　　　220kV 母线监控系统闭锁验收表

序号	隔离开关	22041	25093	间隔正母隔离开关	250949	22042	25082	间隔副母隔离开关	250849	验收情况
1	22041	—	分	分	—	—	—	—	—	
2	25093	分	—		分	—	—		—	

续表

序号	隔离开关	22041	25093	间隔正母隔离开关	250949	22042	25082	间隔副母隔离开关	250849	验收情况
3	250949	—	分	—	—	—	—	—	—	
4	22042	—	—	—	—	—	分	分	—	
5	25082	—	—	—	分	—	—	—	分	
6	250849	—	—	—	—	—	分	—	—	

存在问题：

7. 主变压器 220kV 侧本间隔电气闭锁

以图 4-22 所示变电站的 1 号主变压器为例，其 220kV 侧间隔电气闭锁验收表见表 4-7。

表 4-7　　　　　1 号主变压器 220kV 侧 2501 间隔电气闭锁验收表

序号	隔离开关	2501	25011	25013	25015	250144	250146	250145	验收情况
1	2501	—	—	—	—	—	—	—	
2	25011	分	—	—	—	分	分	—	
3	25013	分	—	—	—	分	分	分	
4	25015	—	—	—	—	—	—	分	
5	250144	—	分	分	—	—	—	—	
6	250146	—	分	分	—	—	—	—	
7	250145	—	—	分	分	—	—	—	

存在问题：

8. 主变压器 220kV 侧监控系统闭锁

以图 4-22 所示变电站的 1 号主变压器为例，其 220kV 侧监控系统闭锁验收表见表 4-8。

表 4-8　　　　1 号主变压器 220kV 侧 2501 间隔监控系统闭锁验收表

序号	隔离开关	2501	25011	25013	25015	250144	250146	250145	验收情况
1	2501	—	分	分	—	—	—	—	
2	25011	—	—	—	—	分	分	—	
3	25013	—	—	—	—	分	分	分	
4	25015	—	—	—	—	—	—	分	
5	250144	—	分	分	—	—	—	—	

序号	隔离开关	2501	25011	25013	25015	250144	250146	250145	验收情况
6	250146	—	分	分	—	—	—	—	
7	250145	—	—	分	分	—	—	—	
8	250741	—	—	分	—	—	—	—	
9	11013	—	—	—	—	—	—	分	
10	主变压器 110kV 侧接地电磁锁	—	—	分	分	—	—	—	
11	1013 隔离开关手车	—	—	—	—	—	—	"试验"	
12	主变压器 10kV 侧接地电磁锁	—	—	分	分	—	—	—	
13	2520	—	—	—	分	—	—	—	
14	252043	—	—	—	分	—	—	—	
15	25025	—	—	—	分	—	—	—	
16	25145	—	—	—	分	—	—	—	
17	25135	—	—	—	分	—	—	—	

存在问题:

9. 主变压器 110kV 侧本间隔电气闭锁

以图 4-22 所示变电站的 1 号主变压器为例,其 110kV 侧本间隔电气闭锁验收表见表 4-9。11011、11012 有热倒母线和冷倒母线两种闭锁逻辑。

表 4-9　　　　1 号主变压器 110kV 侧 1101 间隔电气闭锁验收表

序号	隔离开关	11011	11012	11013	110144	110146	110145	验收情况
1	1101	分 —	分 —	分	—	—	—	
2	11011	—	—	—	分	分	—	
3	11012	分 合	分 合	—	分	分	—	
4	11013	—	—	—	分	分	分	
5	110144	分 分	分 分	分	—	—	—	
6	110146	分 分	分 分	分	—	—	—	
7	110145	—	—	分	—	—	—	
8	1100	— 合	合	—	—	—		
9	11001	— 合	— 合	—	—	—		
10	11002	— 合	— 合	—	—	—		
11	11041	分 分						

续表

序号	隔离开关	11011		11012		11013	110144	110146	110145	验收情况
12	11042	—		分	分	—	—	—	—	
13	25013	—	—	—	—	—	—	—	分	
14	250145	—	—	—	—	分	—	—	—	
15	1018	—	—	—	—	—	—	—	分	
16	10145	—	—	—	—	分	—	—	—	
17	1028	—	—	—	—	—	—	—	分	
18	10245	—	—	—	—	分	—	—	—	

验收情况：

10. 主变压器 110kV 侧监控系统闭锁

以图 4-22 所示变电站的 1 号主变压器为例，其 110kV 侧监控系统闭锁验收表见表 4-10。11011、11012 有热倒母线和冷倒母线两种闭锁逻辑。

表 4-10　1 号主变压器 110kV 侧 1101 间隔监控系统闭锁验收表

序号	隔离开关	11011		11012		11013	110144	110146	110145	验收情况
1	1101	分	—	分	—	分	—	—	—	
2	11011	—	—	—	—	—	分	分	—	
3	11012	分	合	分	合	—	分	分	—	
4	11013	—	—	—	—	—	分	分	分	
5	110144	分	分	分	分	分	—	—	—	
6	110146	分	分	分	分	分	—	—	—	
7	110145	—	—	—	—	分	—	—	—	
8	1100		合		合					
9	11001		合		合					
10	11002		合		合					
11	11041	分	分							
12	11042	—		分	分					
13	25013	—	—	—	—	—	—	—	分	
14	250145	—	—	—	—	分	—	—	—	
15	1018	—	—	—	—	—	—	—	分	
16	10145	—	—	—	—	分	—	—	—	
17	1028	—	—	—	—	—	—	—	分	
18	10245	—	—	—	—	分	—	—	—	

存在问题：

11. 主变压器 10kV 侧本间隔电气闭锁

以图 4-22 所示变电站的 1 号主变压器为例，其 10kV 侧本间隔电气闭锁验收表见表 4-11。

表 4-11　　　　　1 号主变压器 10kV 侧 101 间隔电气闭锁验收表

序号	隔离开关	手车	1013	10146	10145	101 开关柜后门	验收情况
1	开关	分	分	—	—	—	
2	手车	—	—	分	—	—	
3	1013	—	—	分	分	—	
4	10146	分	分	—	—	合	
5	10145	分					
6	带电显示器	—			—	无电	
7	101 开关柜后门	关					
8	25013				分		
9	250145	—	分	—	—	—	
10	11013				分		
11	110145		分				
12	1023	—	—	—	分		
13	10245	—	分				

存在问题：

12. 主变压器 10kV 侧监控系统闭锁

以图 4-22 所示变电站的 1 号主变压器为例，其 10kV 侧监控系统闭锁验收表见表 4-12。

表 4-12　　　　　1 号主变压器 10kV 侧 101 间隔监控系统闭锁验收表

序号	隔离开关	开关	手车	1013	10146	10145	25013	250145	11013	110145	1023	10245	验收情况
1	手车	分	—	—	分	—	—	—	—	—	—	—	
2	1018	分	—	—	分	分	—	分	—	分	—	分	
3	10146	—	分	分									
4	10145	—	—	分			分		分			分	

存在问题：

110kV 线路、母联以及母线等的防误验收表同 220kV 线路。

（二）110kV 变电站防误验收表

1. 110kV 线路本间隔电气闭锁

以图 4-22 所示变电站为例，其 110kV 侧为双母线接线方式，110kV 线路本间隔电气闭锁验收表见表 4-13（以 1933 线路示例）。

表 4-13　　　　　110kV 线路本间隔电气闭锁验收表

序号	隔离开关	1933	19331	19333	193344	193346	193345	带电显示器	验收情况
1	1933	—	—	—	—	—	—	—	
2	19331	分	—	—	分	分	—	—	
3	19333	分	—	—	分	分	分	—	
4	193344	—	分	分	—	—	—	—	
5	193346	—	分	分	—	—	—	—	
6	193345	—	—	分	—	—	—	无电	

存在问题：

2. 110kV 线路监控系统闭锁

以图 4-22 所示变电站为例，其 110kV 侧为双母线接线方式，110kV 线路监控系统闭锁验收表见表 4-14（以 1933 线路示例）。

表 4-14　　　　　110kV 线路监控系统闭锁验收表

序号	隔离开关	1933	19331	19333	193344	193346	193345	11041	11042	线路压变二次	验收情况
1	1933	—	—	—	—	—	分	—	—		
2	19331	分	—	—	分	分	—	分	—	—	
3	19333	分	—	—	分	分	分	—	—	—	
4	193344	—	分	分	—	—	—	—	—	—	
5	193346	—	分	分	—	—	—	—	—	—	
6	193345	—	—	分	—	—	—	—	—	无电	

存在问题：

3. 110kV 分段本间隔电气闭锁

当 110kV 侧为单母线分段接线方式时，其 110kV 分段本间隔电气闭锁验收表见表 4-15。

表 4-15　　　　　　110kV 分段 1100 间隔电气闭锁验收表

序号	隔离开关	1100	11001	11002	110047	110048	验收情况
1	1100	—	—	—	—	—	
2	11001	分	—	—	分	分	
3	11002	分	—	—	分	分	
4	110047	—	分	分	—	—	
5	110048	—	分	分	—	—	
存在问题：							

4. 110kV 分段监控系统闭锁

当 110kV 侧为单母线分段接线方式时，110kV 分段监控系统闭锁验收表见表 4-16。

表 4-16　　　　　110kV 分段 1100 间隔监控系统闭锁验收表

序号	隔离开关	1100	11001	11002	110047	110048	11041	11042	验收情况
1	1100	—	—	—	—	—	—	—	
2	11001	分	—	—	分	分	分	—	
3	11002	分	—	—	分	分	—	分	
4	110047	—	分	分	—	—	—	—	
5	110048	—	分	分	—	—	—	—	
存在问题：									

5. 110kV 母线本间隔电气闭锁

以图 4-22 所示变电站为例，110kV 母线本间隔电气闭锁验收表见表 4-17。

表 4-17　　　　　　110kV 母线本间隔电气闭锁验收表

序号	隔离开关	11041	11071	110749	11042	11082	110849	验收情况
1	11041	—	分	—	—	—	—	
2	11071	分	—	分	—	—	—	
3	110749	—	分	—	—	—	—	
4	11042	—	—	—	—	分	—	
5	11082	—	—	—	分	—	分	
6	110849	—	—	—	—	分	—	
存在问题：								

6. 110kV 母线监控系统闭锁

以图 4−22 所示变电站为例，110kV 母线间隔监控系统闭锁验收表见表 4−18。间隔正母隔离开关涵盖所有正母间隔隔离开关，间隔副母隔离开关涵盖所有副母间隔隔离开关。

表 4−18　　　　　　110kV 母线间隔监控系统闭锁验收表

序号	隔离开关	11041	11071	间隔正母隔离开关	110749	11042	11082	间隔副母隔离开关	110849	验收情况
1	11041	—	分	分	—	—	—	—	—	
2	11071	分	—	—	分	—	—	—	—	
3	110749	—	分	—	—	—	—	—	—	
4	11042	—	—	—	—	—	分	分	—	
5	11082	—	—	—	—	分	—	—	分	
6	110849	—	—	—	—	—	分	—	—	

存在问题：

7. 主变压器 110kV 侧本间隔电气闭锁

以图 4−22 所示变电站为例，其 110kV 侧本间隔电气闭锁验收表见表 4−19。

表 4−19　　　　　主变压器 110kV 侧 1101 间隔电气闭锁验收表

序号	隔离开关	11011	110145	1101 断路器	1100 分段断路器	11041	验收情况
1	11011	—	分	—	—	—	
2	110145	分	—	—	—	—	

存在问题：

8. 主变压器 110kV 侧监控系统闭锁

以图 4−22 所示变电站为例，110kV 侧间隔监控系统闭锁验收表见表 4−20。

表 4−20　　　　　主变压器 110kV 侧间隔监控系统闭锁验收表

序号	隔离开关	11011	110145	1101 断路器	1100 分段断路器	11041	低压侧手车试验位置	验收情况
1	11011	—	分	分	分	分		
2	110145	分	—	—	—	—	分	

存在问题：

9. 主变压器 10kV 侧本间隔电气闭锁

以图 4-22 所示变电站为例，10kV 侧为两分支开关，其 10kV 侧本间隔电气闭锁验收表见表 4-21。

表 4-21　　　　　　　主变压器 10kV 侧 101 间隔电气闭锁验收表

序号	隔离开关	101	101 手车	102	102 手车	10kV 侧接地电磁锁	验收情况
1	101	—	—	—	—	—	
2	101 手车	分	—	—	—	分	
3	102	—	—	—	—	—	
4	102 手车	—	—	分	—	分	
5	10kV 侧接地电磁锁	—	分	—	分	—	
存在问题：							

10. 主变压器 10kV 侧监控系统闭锁

以图 4-22 所示变电站为例，10kV 侧为两分支开关，10kV 侧间隔监控系统闭锁验收表见表 4-22。

表 4-22　　　　　　主变压器 10kV 侧 101 间隔监控系统闭锁验收表

序号	隔离开关	101	101 手车	102	102 手车	10kV 侧接地电磁锁	11011	110145	验收情况
1	101	—	—	—	—	—	—	—	
2	101 手车	分	—	—	—	分	—	分	
3	102	—	—	—	—	—	—	—	
4	102 手车	—	—	分	—	分	—	分	
5	10kV 侧接地电磁锁	—	分	—	分	—	分	—	
存在问题：									

五、防误功能的验收

（一）防误功能验收的原则

（1）防误功能验收应安排在站内设备主体功能验收及"三遥"功能验收完成后，防止防误功能验收完成后有人员改动设备二次接线，影响防误系统正常可靠运行。

（2）监控系统防误功能与电气防误功能分开验收，对每个电气设备的防误闭锁条件逐一验收打钩，防止遗漏。验收完成后，验收人员与工作负责人分别在验收表上签字。若需要部分更改防误验收表，需要得到相关运维专职同意，并在表上写明更改原因。

（3）在验收监控系统防误功能时，应将所验收的设备电气解闭锁切换开关切至"解锁"位置；在验收电气防误功能时，应将所验收的设备测控解闭锁切换开关切至"解锁"位置。

（4）电动操动机构的隔离开关，防误验收时应同时确认其手动操动机构操作情况，确保设备手动操作与电动操作防误闭锁条件完全一致。

（5）电动操动机构的隔离开关应实际验证"急停"按钮功能，以便在发生误操作时能够紧急停止操作，按照现场运行规程要求进行处理。

（6）采用自保持回路的电动隔离开关，其自保持回路应经完善的防误闭锁，防止操作人员直接按机构内分合闸接触器进行操作。

（7）专用接地装置应采用专用接地铜棒实际测试的方式进行验收，实际模拟接地线装拆，确保站内接地线纳入防误系统。

（8）带电显示装置应具有自检功能，在一次设备带电或不带电的状态下均可自检出装置本身的完好性。装置进行试验时，其装置闭锁输出应动作，应检验相应的接地开关是否被闭锁。

（二）防误功能验收实例

以某 220kV 变电站 1 号主变压器 2501 间隔 25011 隔离开关本间隔电气闭锁验收为例。

（1）验收前各间隔设备均处于冷备用状态。

（2）将设备测控解闭锁切换开关切至"解锁"位置，电气解闭锁切换开关切至"联锁"位置。

（3）从表 4-7 可以看出，25011 隔离开关操作条件为：2501 断路器分开、250144 接地开关分开、250146 接地开关分开。在冷备用状态将 25011 隔离开关合分一次。

（4）合上 2501 断路器，25011 隔离开关无法操作，则在相应"分开"处打"√"，分开 2501 断路器。

（5）合上 250144 接地开关，25011 隔离开关无法操作，则在相应"分开"处打"√"，分开 250144 接地开关。

（6）合上 250146 接地开关，25011 隔离开关无法操作，则在相应"分开"处打"√"，分开 250146 接地开关。

（7）至此 25011 隔离开关电气闭锁验收完毕，再依次进行其他设备验收。

第四节　特　殊　防　误

一、解锁开关及钥匙技术规范

解锁开关带有钥匙控制功能，具有"联锁/解锁"两个位置，在"联锁"位置时钥匙方可拔出，钥匙拔出后能锁住解锁开关。

（1）一般间隔测控装置分别设置一个解锁开关。测控解锁操作时，将该解锁开关切至"解锁"位置即可进行解锁操作。

（2）一般间隔智能终端处分别设置一个解锁开关，若智能终端为双套配置，则在第一套智能终端处设置一个解锁开关。测控装置故障需要解锁操作时，采用此解锁开关将智能终端闭锁输出触点强制接通，设备二次回路接通即可操作。

（3）一般间隔端子箱/汇控柜处分别设置一个解锁开关，作为电气闭锁回路的解锁开关。该相关设备辅助触点不到位等情况需要电气解锁操作时，采用此解锁开关将设备电气闭锁回路部分短接，设备二次回路接通即可操作。

（4）一般全站测控装置的解锁开关钥匙采用通用钥匙，全站智能终端处的解锁开关钥匙采用通用钥匙，全站电气闭锁解锁开关钥匙采用通用钥匙，各种不同功能解锁钥匙不采用通用钥匙。

二、操作开关及钥匙技术规范

（一）远近控切换开关

远近控切换开关设置"远控"和"近控"两个状态位置。

（1）一般开关柜（含充气柜）上断路器、电动操作的开关手车及接地开关远近控切换开关不带钥匙控制。

（2）一般间隔式设备端子箱内本间隔所有隔离开关、接地开关的"远近控"合用一个转换小开关。此转换开关采用通用钥匙并具有闭锁控制功能，钥匙仅能在"远控"位置时拔出，钥匙拔出后闭锁小开关的操作。

（3）一般 GIS 汇控柜内设两个远近控切换开关，一个为断路器的远近控，一个为隔离开关和接地开关的远近控，断路器的远近控带钥匙且不通用，隔离开关和接地开关的远近控带钥匙且通用，仅能在"远控"位置才能拔出，拔出后闭锁小开关的操作。

（4）智能化变电站智能终端处一般单独引出断路器远近控切换开关，此切换开关不带钥匙闭锁功能。

（二）控制开关

控制开关通常有"分""合""断"三个状态位置，操作后自动返回"断"的位置。

（1）断路器、电动操作的开关手车及接地开关的控制开关带钥匙闭锁功能，一个控制开关对应一把钥匙（不通用）；

（2）一般间隔式设备端子箱内、GIS 汇控柜内本间隔所有隔离开关、接地开关的"分合闸"控制开关不带钥匙闭锁功能；

（3）智能化变电站智能终端处一般单独引出断路器分合闸控制开关，带钥匙闭锁功能，一个控制开关对应一把钥匙（不通用）。

三、间隔防误功能

（一）电压互感器间隔

电压互感器柜后仓若有高压设备，一般后仓门触点提供两副动断触点接于闭锁回路，一副动断触点闭锁手车电磁锁，一副动断触点串联接入电动操作回路。

（二）分段断路器及分段隔离间隔

分段断路器及分段隔离柜，一般后仓门触点提供两副动断触点接于闭锁回路，一副动断触点闭锁手车电磁锁，一副动断触点串联接入电动操作回路。

（三）馈线间隔

馈线间隔后仓门与线路接地开关一般设置相互机械闭锁，因此在电气回路中不予考虑。

（四）其他间隔

电容器、电抗器、接地变压器、站用变压器间隔一般根据其具体闭锁逻辑进行设置。

第五章 智能变电站顺序控制（操作）

由于智能变电站采用先进、可靠、集成、低碳、环保的智能设备，以全站信息数字化、通信平台网络化、信息共享标准化为基本要求，自动完成信息采集、测量、控制、保护、计量和监测等基本功能，并可根据需要支持电网实时自动控制、智能调节、在线分析决策、协同互动等高级功能，为变电站全面实现顺序控制提供了强有力的技术手段和基础设备支撑，从而使顺序控制成为智能变电站高级应用的基本功能之一。

顺序控制能自动按照操作票规定的顺序执行相关运行方式变化的操作任务，一次性地自动完成多个控制步骤的操作，一方面，不仅能有效减少操作时间和停电时间，降低经济损失和对生产生活造成的不便，还能有效降低倒闸误操作的概率，从而降低电网事故率，防止大面积停电，避免造成恶劣的社会负面效应；另一方面，又对运维人员在初始阶段的状态定义、顺序控制票编制、日常应用、检修和验收等诸多方面提出了更新的要求。

第一节 顺序控制基本知识

一、顺序控制概念

顺序控制（sequence control，SC），也称为程序化操作，是指通过自动化系统发出整批指令，由系统根据设备状态信息变化情况判断每步操作是否到位，确认到位后自动执行下一指令，直至执行完所有指令。

顺序控制可以理解为变电站内倒闸操作的集合，多组操作在一次命令中执行完成。

二、顺序控制的范围

（1）一次设备（包括主变压器、母线、断路器、隔离开关、接地开关等）运行方式转换。

（2）保护装置定值区切换、软压板投退、电源空气开关（继电器）分合。

三、顺序控制基本功能

（1）变电站内的顺序控制可以分为单间隔内操作和跨间隔操作两类。

（2）顺序控制应提供操作界面，显示操作内容、步骤及操作过程等信息，应支持开始、终止、暂停、继续等进度控制，并提供操作的全过程记录。对操作中出现的异常情况，应具有急停功能。

（3）顺序控制宜通过辅助触点状态、量测值变化等信息自动完成每步操作的检查工作，包括设备操作过程、最终状态等。

（4）顺序控制宜与视频监控联动，提供辅助的操作监视。

（5）满足无人值班及区域监控中心站管理模式的要求；可接收和执行监控中心、调度中心和本地自动化系统发出的控制指令，经安全校核正确后，自动完成符合相关运行方式变化要求的设备控制。

（6）应具备自动生成不同主接线和不同运行方式下典型操作流程的功能。

第二节　顺序控制（操作）条件

一、一次设备状态定义

（一）总则

（1）220kV 分相操作开关应以开关三相同时合为合、三相同时分为分；不应以断路器合成信号作为判据（即一相合闸为合，三相同时分闸即为分闸）。

（2）参与状态定义的一次设备状态需要采用双位置触点确认，所有涉及设备状态，任一状态不符合即表示状态不符。

（3）由于目前存在与接地开关对应的接地桩，在信号上采用与接地开关合并处理，可能产生对线路检修状态的误判断，因此，建议现场醒目位置予以说明，并严格执行操作前状态核对的要求；同时建议智能变电站区分接地开关与相应接地桩遥信，对于可以区分的所有状态定义中接地桩的状态全部定义为分位（即接地线桩头未插入接地桩）。

（4）状态定义可仅涉及调度操作常用的单间隔状态定义，对于母线、主变压器跨间隔情况可暂不予定义，并可采取组合票方式实现跨间隔顺序控制功能。

（二）一次设备状态定义示例

间隔一次设备状态定义示例参见表 5-1～表 5-9。

表 5-1　110、220kV 线路间隔一次设备状态定义示例

序号	状　态		断路器	****1 正母隔离开关	****2 副母隔离开关	****3 线路隔离开关	****44、46 断路器接地开关	****45 线路接地开关	线路电压互感器二次空气开关
1	110、220线路(有线路电压互感器的不改线路检修)	正母运行	合	合	分	合	分	分	合上
2		副母运行	合	分	合	合	分	分	合上
3		正母热备用	分	合	分	合	分	分	合上
4		副母热备用	分	分	合	合	分	分	合上
5		冷备用	分	分	分	分	分	分	合上
6		线路检修	分	分	分	分	分	合	分开

表 5-2　110、220kV 主变压器间隔一次设备状态定义示例

序号	状　态		断路器	****1 正母隔离开关	****2 副母隔离开关	****3 变压器隔离开关	****44、46 断路器接地开关	****45 变压器接地开关
1	110、220kV主变压器	正母运行	合	合	分	合	分	分
2		副母运行	合	分	合	合	分	分
3		正母热备用	分	合	分	合	分	分
4		副母热备用	分	分	合	合	分	分
5		冷备用	分	分	分	分	分	分

表 5-3　　　　110、220kV 母联间隔一次设备状态定义示例

序号	状态		断路器	*****1 正母隔离开关	*****2 副母隔离开关	****47、48 断路器接地开关
1	110、220kV 母联	运行	合	合	合	分
2		热备用	分	合	合	分
3		冷备用	分	分	分	分

表 5-4　　　　110、220kV 母线设备间隔一次设备状态定义示例

序号	状态		****1/2 正、副母隔离开关	****49 断路器接地开关	母线 TV 二次空气开关
1	110、220kV 母线设备（仅含 TV）	运行	合	分	合
2		冷备用	分	分	分

表 5-5　　　　35kV 及以下主变压器间隔一次设备状态定义示例

序号	状态		断路器	手车	***8 进线隔离开关	**45、46 接地开关
1	35kV 及以下主变压器	运行	合	工作	合	分
2		热备用	分	工作	合	分
3		冷备用	分	试验	分	分

表 5-6　　　　35kV 及以下线路间隔一次设备状态定义示例

序号	状态		断路器	手车	***45 接地开关
1	35kV 及以下线路	运行	合	工作	分
2		热备用	分	工作	分
3		冷备用	分	试验	分
4		线路检修	分	试验	合

表 5-7　　　　35kV 及以下电容器、电抗器间隔一次设备状态定义示例

序号	状态		断路器	手车	***45 接地开关	***451 接地开关	***3 进线开关[①]
1	35kV 及以下电容器、电抗器	运行	合	工作	分	分	合
2		热备用	分	工作	分	分	合
3		冷备用	分	试验	分	分	分

[①] 对于 ***3 隔离开关为电动的，应将 ***3 隔离开关加入状态定义，对于手动的则不应加入，但应在冷备用转运行或热备时，检查 ***3 隔离开关在合上位置。

表 5-8　　　　35kV 及以下接地变压器间隔一次设备状态定义示例

序号	状　态		断路器	手车	***45 接地开关	高压侧 接地桩	低压侧 接地桩	低压侧进线开关①
1	35kV 及以下 接地变压器	运行	合	工作	分	分	分	合
2		热备用	分	工作	分	分	分	分
3		冷备用	分	试验	分	分	分	分

① 仅在低压侧进线开关可以遥控时将其作为状态定义的条件，否则应以 400V 交流屏进线开关作为判据。

表 5-9　　　　35kV 及以下母联间隔一次设备状态定义示例

序号	状　态		断路器	断路器手车	隔离开关手车
1	35kV 及以下母联	运行	合	工作	工作
2		热备用	分	工作	工作
3		冷备用	分	试验	试验

注：由于备自投的状态不确定性，不建议将备自投操作加入母联顺序控制，确实要加入的，应在后台界面注明，并确定备自投执行重复操作（如已停用状态、再次停用）可能的后果。

二、二次设备状态定义

（一）总则

（1）二次设备状态定义一般仅对于调度发令操作的标准状态，对二次设备检修状态，因其特殊性和复杂性，一般不予以定义，仅做简单说明。

（2）由于二次设备顺序控制前后，需要运维人员进行复核，因此应与运维人员常规操作保持一致，以软压板操作方式在监控后台实现，并与实际装置内部状态保持实时同步。运维人员在操作前应在监控画面上核对软压板实际状态，操作后应在监控画面及保护装置上核对软压板实际状态。

（3）对于保护二次状态，由于不同厂家、不同保护以及不同智能设备的具体压板、信号不一致，需依据厂家建议予以定义。

（二）二次设备状态一般定义

（1）正常运行的保护装置远方修改定值压板应在退出状态，远方控制压板应在投入状态，远方切换定值区压板应在投入状态，运维人员不得改变压板状态；

（2）正常运行的智能组件严禁投入"置检修"压板，运维人员不得操作该压板；

（3）其他保护功能的投退状态定义同常规六统一变电站，若仅退某一功能，则退出相应功能软压板即可，详见表 5 – 10。

表 5 – 10　　　　　　　　　　　二次设备状态一般定义

序号	状态	定　义
1	跳闸状态	保护装置直流电源投入，保护功能软压板投入，保护出口压板（GOOSE 跳闸、启动失灵等）投入，相应 SV、GOOSE 接收压板投入，保护装置检修硬压板取下；智能终端装置直流电源投入，出口硬压板（含保护跳/合闸、遥控出口）投入，检修硬压板断开；合并单元装置直流电源投入，检修硬压板断开
2	信号状态	保护装置直流电源正常，保护功能软压板投入，保护出口压板（GOOSE 跳闸、启动失灵）退出，保护检修状态硬压板断开
3	停用状态	保护装置直流电源退出，保护功能软压板退出，保护出口压板（GOOSE 跳闸、启动失灵）退出，保护检修状态硬压板投入

（三）二次设备操作状态说明

（1）同一回路两侧智能装置均有压板时，一般仅操作接收压板。

（2）整套失灵保护随母差投退，正常只操作失灵功能及失灵联跳压板，不操作母差保护屏失灵启动接收压板。

（3）对于母差保护有启动线路远跳软压板的，母差停用时应退出母差保护屏上的启动线路远跳软压板。

（4）220kV 线路保护装置无后备保护功能压板，正常投退时应检查主保护功能压板退出后，通过投退出口压板方式实现；特殊情况，需单独投退后备功能，应通过切换定值区方式实现。

（5）220kV 保护装置取消重合闸方式切换开关，且统一为重合闸停用功能压板，正常重合闸启用时，两套保护重合闸出口压板投入、停用重合闸压板退出；整套重合闸停用时，两套保护重合闸出口压板退出、停用重合闸压板投入；单套退出时，单套保护重合闸出口退出，不得投入停用重合闸压板。

（6）除主变压器非电量及 10～35kV 外，正常不操作硬压板。

（四）二次设备检修状态说明

（1）单装置检修应退出该装置所有的 GOOSE 跳闸、GOOSE 联跳、启动失灵压板，投入该装置检修硬压板。

（2）单间隔检修（一次设备检修）应退出该间隔所有的 GOOSE 联跳、启动失灵压板，退出该间隔在母差及主变压器保护屏上的 SV 接收软压板，同时投入该间隔所有智能装置的检修硬压板；应先退出 SV 接收软压板，再投入合并单元检修硬压板，防止保护装置误闭锁。

（3）设备从开关检修改冷备用或保护启用前，应检查间隔中各智能组件的"置检修"压板已取下。

（4）设备开关检修时，应退出本间隔保护失灵启动压板，退出母差装置上本间隔投入压板。

（五）二次设备状态定义举例

间隔一次设备状态定义示例参见表 5-11～表 5-16，其中仅列举了保护软压板的状态定义，对"置检修"等硬压板的复核及装置电源检查等不在其中。

表 5-11　　　　　220kV 主变压器间隔二次设备状态定义示例

序号	状态		差动保护功能压板	后备保护功能压板	GOOSE跳闸压板	非电量跳闸压板	启动失灵压板	闭锁备自投	对应的MU压板	对应定值区
1	差动保护	启用	投		投		投		投	正确
2		停用	退		退①		退①			
3	后备保护	启用		投	投		投	投（低压侧）	投	正确
4		停用		退	退①		退①	退（低压侧）		
5	瓦斯保护	启用				投				
6		停用				退				

① 若共用 GOOSE 跳闸压板的保护及共用失灵启动回路的保护未全部停用，不应退出上述压板。

表 5-12　　　　　220kV 线路间隔二次设备状态定义示例

序号	状态		差动保护功能压板	重合闸功能压板	GOOSE跳闸压板	GOOSE合闸压板	启动失灵压板	对应的MU压板	对应定值区
1	差动保护	启用	投		投		投	投	正确
2		停用	退		退①		退①		
3	后备保护	启用			投		投	投	正确
4		停用					退①		
5	重合闸	启用		退（闭锁压板）		投		投	
6		停用		投		退			

① 若共用 GOOSE 跳闸压板的保护及共用失灵启动回路的保护未全部停用，不应退出上述压板。

表 5-13　　　　　　　　220kV 母差二次设备状态定义示例

序号	状态		差动保护功能压板	失灵保护功能压板	GOOSE 跳闸压板	对应的 MU 压板	对应定值区
1	差动保护	启用	投	投	投	投	正确
2		信号	退	退	退		
3	失灵保护	启用		投	投		正确
4		停用		退			

表 5-14　　　　　　　110kV 线路间隔二次设备状态定义示例

序号	状态		距离、零序保护功能压板	重合闸功能压板	GOOSE 跳闸压板	GOOSE 合闸压板	对应的 MU 压板	对应定值区
1	距离、零序保护	启用	投		投		投	正确
2		停用	退		退①			
3	重合闸	启用		退（闭锁压板）		投	投	
4		停用		投		退		

① 若共用 GOOSE 跳闸压板的保护及共用失灵启动回路的保护未全部停用，不应退出上述压板。

表 5-15　　　　　　35kV 及以下线路间隔二次设备状态定义示例

序号	状态		过电流保护功能压板	重合闸功能压板	GOOSE 跳闸压板	GOOSE 合闸压板	对应的 MU 压板	对应定值区
1	过电流保护	启用	投		投		投	正确
2		停用	退		退①			
3	重合闸	启用		投		投	投	
4		停用		退		退		

① 常规接线的保护测控装置无此压板。

表 5-16　　　　　　35kV 及以下备自投二次设备状态定义示例

序号	状态		备自投功能压板	母联 GOOSE 跳闸压板	一分支 GOOSE 跳闸压板	二分支 GOOSE 跳闸压板
1	备自投	启用	投	投	投	投
2		停用	退	退	退	退

三、顺序控制（操作）硬件及功能要求

（一）硬件要求

（1）实行顺序控制的一次设备（含需要操作的二次空气开关等）应具备遥控操作功能。条件具备时，顺序控制宜和图像监控系统实现联动。

（2）实行顺序控制的二次设备应能实现遥控功能，并能实时上传遥控元件对应的状态信号。

（二）一、二次应具备的信号

（1）智能组件应能采集顺序控制过程中所有的必需的信号和状态，达到或超过人工检查的范围和准确性要求，以代替人工检查。

（2）对于断路器、隔离开关、接地开关的操作，应采取"二元法"确认位置信号。

（3）对于需要验电的步骤，应采取三相间接验电，并采取"二元法"确认需要合接地开关处各相确无电压。

（三）判断功能（逻辑及数值）

（1）顺序控制程序应能实现信号、数据的"与""或""非"的单一和组合逻辑判断。

（2）顺序控制程序应能实现测量值大小的阈值判断和比较。

（3）顺序控制程序应能实现简单的异常自诊断功能。

（四）提高状态确认可靠性

1. 多信号复核、关联信号复核

（1）在操作母线隔离开关后，在确认监控系统隔离开关变位后，对合并单元、母线保护能提供隔离开关位置状态信息的，也应进行校核；对于可以校核母差差流的还应校核母差差流；通常情况下以不超过 ±0.1A 为限，也就是说 $-0.1A \leqslant I_\Phi \leqslant +0.1A$。双重化配置的电流差动保护同一相的电流值相比不超过 0.05A。

（2）对于直接由检修改为运行的操作票，可在合上开关后增加线路三相有压（带电显示器+线路电压互感器）判据；对于直接由运行改为检修的操作票，可在拉开开关后增加线路三相无压判据；对于可以实现"或"逻辑判别的顺序控制程序，可以增加开关合操作后电流从无到有或线路带电显示器（线路电压互感器）

从无到有二取一的判据，开关分闸类似。

2. 智能巡视与顺序控制交互过程

变电站智能巡视与顺序控制交互过程如图 5-1 所示。交互过程应满足 DL/T 860 的要求，并参考图 5-1 流程设计，也可依据相关操作规范自行确定。

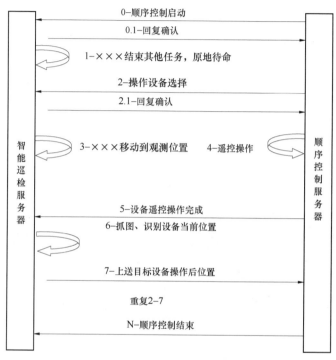

图 5-1　智能巡视与顺序控制交互过程图

3. 隔离开关图模识别方法

下面列举了变电站常用隔离开关类型的图模识别方法，工程应用中可参考执行，各省公司也可依据不同类型隔离开关开展图模识别技术拓展应用。

（1）直线法。通过所采集的隔离开关图像，经二值化处理，得到对应的直线图，判断该直线是否处于隔离开关合闸区域，从而判断隔离开关分合状态。

（2）直线角度识别。垂直拐臂式隔离开关合闸到位时，上下拐臂成一直线，隔离开关合闸不到位时，隔离开关下拐臂与直线之间有一夹角，若该偏差角度大于设定阈值（角度差小于 5°），则认为该隔离开关合闸未到位。

（3）隔离开关触头接触程度识别。设定隔离开关的动、静触头区域，通过直线检测等相应图像处理算法，检测出隔离开关动触头分别位于静触头上方和下方

的长度 D_0、D_1，通过计算 $R=D_0/D_1$，实现对隔离开关状态的识别。

（4）隔离开关臂特征点与固定端距离识别。水平拐臂式隔离开关，通过计算隔离开关臂中圆形区域的圆心到隔离开关固定端边的距离与隔离开关固定端宽度的比值 R，实现隔离开关状态的识别，如果 R 小于该隔离开关预先设定的合位阈值，则认为已合闸到位。

（5）标志线识别。针对水平旋转式隔离开关，通过分析标志线的角度特征实现对隔离开关状态的识别，如果标志线角度在预先设定的合闸范围之内，则认为隔离开关合闸已到位。

4. 多信号复核、关联信号复核

（1）对于热倒操作，在断开母联控制电源后，除校核继电器或断路器位置外，还应校核母联智能终端中第一组控制电源消失、第一组控制回路断线、第二组控制电源消失、第二组控制回路断线信号（110kV 母联单跳圈只检查第一组）。

（2）对于母差互联（分列）压板操作，除校核互联（分列）压板位置信号外，还应校核母差保护互联（分列）信号变位正确。

四、顺序控制操作票

（一）管理要求

（1）顺序控制操作票应根据智能变电站设备现状、接线方式和技术条件进行编制。

（2）顺序控制操作票应经过现场试验，验证正确后方可使用。

（3）顺序控制操作任务和操作票，应经过运行管理部门和调度部门审核，运行管理单位生产分管领导审批。

（4）顺序控制操作任务和操作票应备份，由专人管理，设置管理密码。

（5）变电站改（扩）建、设备变更、设备名称改变时，应同时修改顺序控制操作票，重新验证并履行审批手续，完成顺序控制操作票的变更、固化、备份。

（二）编制要求

（1）顺序控制操作票应以常规操作票为基础编制，原则上不因为操作前人工及自动确认原始态而减少常规操作票检查项目。

（2）顺序控制操作应将变电站电气设备倒闸操作规范相关检查要求（包括常规操作中值班员操作技能项）在满足可行性的前提下尽可能地编入票中，检查方法应根据现场设备情况不同，采用合理、合适、可靠的判据。

（3）区别于常规变电站，智能变电站对智能设备（包括智能终端、合并单元、测控装置、保护装置）状态及其相互间链路（过程层）情况都可以监视，因此在顺序控制操作开始前应对可能造成操作失败、中断的判据进行预判；对于厂家顺序控制操作系统集成的自检功能应明确，并应在画面上提示自检失败的具体原因；对于厂家未集成的功能，建议纳入顺序控制操作票作为检查项目，并尽量在操作设备前一次性检查完毕。

1）本间隔所有智能设备无 GOOSE 断链信号、SV 接收异常信号，无装置异常信号；

2）冷备用或线路检修转热备用或（正母/副母）运行时，所有装置检修硬压板在分开位置；

3）断路器合闸操作无合闸闭锁（或者是总闭锁）；

4）断路器分闸操作无分闸闭锁（或者是总闭锁）；

5）断路器合闸时保护装置无跳闸或动作信号；

6）目标态为线路检修的票，应判断线路带电显示器空气开关未跳开。

（4）110kV 母线正常为分列运行方式的，不确定在热倒前母联的实际运行方式，本间隔热倒顺序控制票中不考虑母联改运行步骤，应采用组合方式开票，即母联间隔顺序控制操作+本间隔热倒顺序控制操作+母联间隔顺序控制操作，或母联常规操作+本间隔热倒顺序控制操作+母联操作。

（5）对于 110kV 线路带电压互感器的间隔，应要求实现线路 TV 二次空气开关的遥控操作功能。现场未实现而造成实际状态定义与调度状态定义不符的，建议取消线路检修相关的顺序控制票。

（6）每步操作的五防校核已由测控或后台闭锁实现（包括对于无电流、无电压判据），可不再在顺序控制票中重复考虑；站端监控系统逻辑闭锁应将模拟量判别纳入防误闭锁条件，无电流判据的定值按躲过测控装置零漂电流整定要求，无电压判据的定值设为 $0.7U_N$（U_N 为额定电压）。

（三）顺序操作票推荐目录

顺序操作票推荐目录参见表 5-17 和表 5-18。

表 5-17　　　　　　顺序操作票推荐目录（220kV 和 110kV）

序号	原始态	→	目标态	一次操作步骤	220kV 线路	110kV 线路	220、110kV 主变压器
1	副母热备用	→	副母运行	1			
2	副母热备用	→	冷备用	2	√	√	√
3	副母热备用	→	线路检修	3		√	
4	副母热备用	→	正母热备用	2	√	√	√
5	副母运行	→	副母热备用	1			
6	副母运行	→	冷备用	3	√	√	√
7	副母运行	→	线路检修	4		√	
8	副母运行	→	正母运行	2	√	√	√
9	冷备用	→	副母热备用	2	√	√	√
10	冷备用	→	副母运行	3	√	√	√
11	冷备用	→	线路检修	1			
12	冷备用	→	正母热备用	2	√	√	√
13	冷备用	→	正母运行	3	√	√	√
14	线路检修	→	副母热备用	3		√	
15	线路检修	→	副母运行	4		√	
16	线路检修	→	冷备用	1			
17	线路检修	→	正母热备用	3		√	
18	线路检修	→	正母运行	4		√	
19	正母热备用	→	副母热备用	2	√	√	√
20	正母热备用	→	冷备用	2	√	√	√
21	正母热备用	→	线路检修	3		√	
22	正母热备用	→	正母运行	1			
23	正母运行	→	副母运行	2	√	√	√
24	正母运行	→	冷备用	3	√	√	√
25	正母运行	→	线路检修	4		√	
26	正母运行	→	正母热备用	1			

表 5-18　　　　　　　　　顺序操作票推荐目录（35kV 及以下）

序号	原始态	→	目标态	一次操作步骤	所有母联	35kV及以下出线	35kV及以下主变压器	35kV及以下电容器	35kV及以下电抗器	35kV及以下接地变压器
1	冷备用	→	热备用	1	√	√	√	√	√	√
2	冷备用	→	线路检修	1						
3	冷备用	→	运行	2	√	√	√	√	√	√
4	热备用	→	冷备用	1	√	√	√	√	√	√
5	热备用	→	线路检修	2						
6	热备用	→	运行	1						
7	线路检修	→	冷备用	1						
8	线路检修	→	热备用	2		√				
9	线路检修	→	运行	3		√				
10	运行	→	冷备用	2	√		√	√	√	√
11	运行	→	热备用	1						
12	运行	→	线路检修	3		√				

第三节　顺序控制操作要求

一、顺序控制操作管理要求

（一）通用管理要求

（1）各单位应制定有关顺序控制操作的管理制度。

（2）顺序控制操作时，应填写倒闸操作票，各单位应制定倒闸操作票的填写规定。

（3）顺序控制操作时，继电保护装置应采用软压板控制模式。

（4）顺序控制操作时，应调用与操作指令相符合的顺序控制操作票，并严格执行复诵监护制度。

（5）顺序控制操作前，应确认当前运行方式符合顺序控制操作条件。

（6）顺序控制操作过程中，如果出现操作中断，运维人员应立即停止顺序控制操作，检查操作中断的原因并做好记录。

1）顺序控制操作中断后，若设备状态未发生改变，应查明原因并排除故障后继续按顺序控制操作，若无法排除故障，可根据情况转为常规操作。

2）顺序控制操作中断后，如果需转为常规操作，应根据调度命令按常规操作要求重新填写操作票。

（7）顺序控制操作完成后，运维人员应核对相关一、二次设备状态无异常后结束此次操作。

（二）压板及定值操作管理要求

（1）运维人员应明确软压板与硬压板之间的逻辑关系，并在变电站现场运行规程中明确。

（2）运维人员宜在站端和主站端监控系统中进行软压板操作，操作前、后应在监控画面上核对软压板实际状态。

（3）运维人员宜在站端和主站端监控系统中进行定值区切换操作，操作前、后应在监控画面上核对定值实际区号，切换后打印核对。

（4）正常运行时，运维人员严禁投入智能终端、保护测控等装置检修压板。设备投运前应确认各智能组件检修压板已经退出。

二、正常操作组织流程

（1）在调用顺序控制操作票时，应严格执行模拟预演、操作监护制度。

（2）运维人员进行顺序控制操作前再次核对设备状态，根据调度任务，选择服务器内存储的已审批合格的顺序控制操作任务，对顺序控制操作任务及项目进行确认。

（3）操作人、监护人分别电子签名、确认后，对服务器下达操作命令。该步也可与第2步对调。

（4）顺序控制操作完成后，可通过后台监控显示及现场检查等方式对一、二次设备操作结果正确性进行核对。

（5）顺序控制操作完成后，运维人员应核对相关一、二次设备状态无异常后结束此次操作。

三、操作前检查项目及要求

（1）在顺序操作前，操作人员按规定在操作票上分别签名，操作人员还应检查待操作设备运行方式与本操作任务要求的设备初始状态一致，无影响顺序操作的异常信号动作。

（2）顺序控制操作票的维护应与原始态及目标态的选择一一对应，原始态的判断应由监控系统实时判断，目标态的选择由操作人员确认。

（3）选择目标态后应要求校验操作人、监护人密码及操作间隔编号正确。

（4）在正式执行前需要弹出顺序控制操作票完整票面，并允许操作人员查看核对。

四、操作中检查项目及要求

（1）操作过程中，操作人员不允许进行其他操作或从事与操作无关的其他工作，操作人员应始终密切注意观察集中监控机或当地工作站（后台机）上顺序操作的执行进程以及各项告警信息。

（2）在操作人员确认无误后正式执行操作中，顺序控制票应能显示当前操作步骤，并具备软件急停功能。

五、操作后检查项目及要求

（1）顺序操作结束后，操作人员应检查集中监控机或当地工作站（后台机）监控程序发出的"操作完成"指令，同时检查设备是否已调整到目的运行方式，遥测、遥信是否正常。

（2）如在当地工作站（后台机）操作还应到现场检查设备。如在监控中心集中监控机上操作，还应通过视频监控系统检查设备区无异常。

六、异常中断、事故发生时处理要求

（1）在顺序控制操作过程中，如果出现异常或程序中断，应立即暂停顺序控制操作，检查现场设备情况，如果排除设备问题，确认顺序控制软件系统出现故障，待系统故障消除后继续操作；若顺序控制软件系统故障一时无法消除，应终止本次顺序控制操作任务，转为常规倒闸操作，并确认满足常规倒闸操作条件后方可执行。

（2）在顺序控制操作过程中发生设备异常或设备故障时，如设备分合不到位或拒分拒合、某二次操作步骤目标状态检查不符合要求等，应立即自动终止顺序

控制操作，并依据相关提示记录中断原因和中断时的相关设备状态。

（3）顺序控制操作中断时，应在已操作完的步骤下边一行顶格加盖"已执行"章，并在备注栏内写明顺序控制操作中断时的汇报当班调控人员、设备状态和中断原因，同时应根据调度命令按常规操作要求重新填写操作票，操作票中须填写对已经变位的设备状态的检查。

（4）在顺序控制操作过程中，因特殊工作，需要暂停操作，可人工急停顺序控制操作进程，待工作处理完毕后可继续执行顺序控制操作进程。

（5）在顺序控制操作过程中一旦系统发出"事故总信号""保护动作"等主要事故信号，顺序控制操作系统应自动终止顺序控制操作进程。

七、顺序控制工作站操作步骤示例

（一）选择目标态

红色表示当前已在状态，要改变当前状态，直接单击目标状态名称。若当前状态与所有预设状态不符，即无法确定原始态，则无法成功选择目标态，如图5-2、图5-3所示。

图5-2　选择目标态（一次）

图5-3　选择目标态（二次）

（二）调取操作票

当系统中已存入对应原始态与目标态的操作票时，系统将自动检索并调出对应的操作票，并将操作步骤显示在人机对话界面里，运维人员应对操作任务及操作步骤的正确性进行核对，如图5-4、图5-5所示。

图5-4　调取操作票（一次）　　　　　图5-5　调取操作票（二次）

（三）操作人员验证

当确认操作任务及操作步骤正确后，系统将对运维人员的资格进行验证，要求人员输入（选择）操作人、监护人用户名、密码，如图5-6、图5-7所示。

图5-6　操作人员验证（操作人）　　　　图5-7　操作人员验证（监护人）

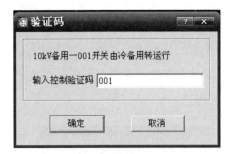

图 5-8　操作编号验证

（四）操作编号验证

在人员资格验证后，按照防误操作的管理要求，还要求操作人员输入操作间隔编号，进一步核对及验证操作的正确性，如图 5-8 所示。

（五）仿真预演

由于程序控制的操作票都是经事先审核验证的，每一步都有严格的控制条件，且部分动态判别条件无法在仿真时得到通过，一般不需要进行仿真预演。

（六）执行程序控制

执行上述步骤后，单击"确定"或"执行"按钮，系统将正式进入执行步骤，系统将实时反馈当前操作步骤的执行情况，在此期间发生紧急情况时，可以进行人工干预，如图 5-9、图 5-10 所示。

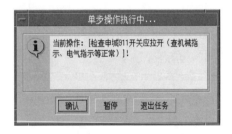

图 5-9　执行程序控制（检查步骤）

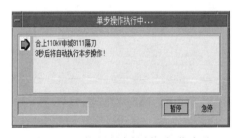

图 5-10　执行程序控制（操作步骤）

（七）操作结束

单击完成或确认，核对工作站（后台机）状态与目标态一致。

第四节　顺序控制检修及验收要求

一、顺序控制功能传动

（1）按典型顺序控制功能逐一检验全部顺序控制功能。

（2）在各种主接线和运行方式下，检验自动生成典型操作流程的功能。

（3）抽检顺序控制急停功能。

（4）如支持调度中心远方遥控，还需逐一验证相关一次设备远方遥控和顺序控制正确性。

（5）顺序控制软压板投退、急停等功能正常，顺序控制操作与视频系统的联动功能正常。

（6）顺序操作变电站内设备在检修时，应将"远方/就地"切换开关切至"就地"位置。检修结束，投入运行前应切至"远方"位置。

二、顺序控制检修升级

智能告警、顺序控制等高级应用功能不能满足现场运行时，应由原厂家进行专业化检修，高级应用功能修改、升级、扩容后应在现场进行调试验证。

第六章　智能变电站保护操作

　　智能变电站的继电保护装置仍然采用常规保护的判断、动作原理，但在具体实现方式上需与合并单元、智能终端相配合。通过光纤替代电缆的方式，继电保护分别以专用的光纤与合并单元、智能终端相连接，在保护装置内以虚拟的端子替代了原有的物理端子，实现了电流、电压的数字化接收以及保护动作信号的数字化传输。保护装置仅保留了检修硬压板及远方操作硬压板，其余功能都通过模拟软压板实现。对于保护用电流、电压数据，每个合并单元都以专用光纤输入保护装置，称为保护直采；保护动作后，跳闸信号以专用光纤直接输出至相应断路器的智能终端，称为保护直跳。

第一节　保护状态定义

一、智能二次设备状态定义

（一）继电保护装置

　　智能变电站继电保护装置设有物理硬压板、模拟软压板两种压板，其中模拟软压板主要包括 GOOSE 软压板、SV 软压板、保护功能软压板三类。

　　1. 物理硬压板

　　保护装置设置有检修硬压板和远方操作硬压板。当检修硬压板投入后，保护动作及相关信号不上传至监控端。二次设备正常运行时，不应该投入检修硬压板；当保护装置检修、校验时可投入该压板。保护装置的远方操作硬压板用于控制保护装置远方操作功能。该压板投入时，允许远程进行保护装置的软压板投退、定值区切换、定值修改等操作。保护装置的远方操作功能验收合格后，智能变电站优选投入该压板，以实现二次设备的智能化操作。

2. 模拟软压板

（1）GOOSE 软压板。GOOSE 软压板可分为 GOOSE 接收软压板和 GOOSE 发送软压板。GOOSE 接收软压板负责控制保护装置接收来自其他智能装置的 GOOSE 信号，同时监视 GOOSE 链路的状态。每一路与继电保护装置有数据传输的智能装置，保护装置内都有相应的 GOOSE 软压板。退出此类压板后，保护装置对其他装置发送来的相应 GOOSE 信号不作逻辑处理。GOOSE 发送软压板负责控制保护装置向其他智能装置发送 GOOSE 信号。退出此类压板后，保护装置不向其他装置发送保护动作指令。在正常运行时，GOOSE 软压板根据调度指令的保护状态要求进行投退。

（2）SV 软压板。SV 软压板负责控制保护装置接收来自合并单元的采样值信息，同时监视采样链路的状态。SV 软压板投入后，对应的合并单元采样值参与保护逻辑运算。对应的采样链路发生异常时，保护装置将闭锁相应保护功能。SV 软压板退出后，对应的合并单元采样值不参与保护逻辑运算，对应的采样链路异常不影响保护运行。在相关电压、电流回路或合并单元检修时，应退出保护装置内相应的 SV 软压板。

（3）保护功能软压板。保护功能软压板负责控制保护装置内相应保护功能的投退，正常运行时根据继电保护定值单及调度令投退。

3. 继电保护装置状态定义

根据调度对继电保护装置的状态定义，现场可将继电保护装置分为跳闸、信号和停用三种状态，其状态定义见表 6-1。

表 6-1　　　　　　　　　　　继电保护装置状态定义

序号	状态	保护功能软压板	SV 软压板	GOOSE 接收软压板	GOOSE 发送软压板	保护装置检修硬压板	保护装置直流电源
1	跳闸状态	投入	投入	投入	投入	退出	投入
2	信号状态	投入	投入	投入	退出	退出	投入
3	停用状态	退出	退出	退出	退出		退出

（1）跳闸状态是指保护装置直流电源投入，保护功能软压板投入，装置 SV 软压板投入，装置 GOOSE 接收（失灵开入等）及发送（保护出口等）软压板投

入，检修硬压板退出。

（2）信号状态是指保护装置直流电源投入，保护功能软压板投入，装置 SV 软压板投入，装置 GOOSE 接收（失灵开入等）软压板投入，GOOSE 发送（保护出口等）软压板退出，检修硬压板退出。

（3）停用状态是指保护装置直流电源退出，保护功能软压板退出，装置 SV 软压板退出，装置 GOOSE 接收（失灵开入等）及发送（保护出口等）软压板退出。

（二）智能终端

断路器智能终端设有"智能组件检修硬压板""跳（合）闸出口硬压板""闭锁重合闸硬压板""隔离开关控制硬压板"四类压板；此外，实现变压器（电抗器）非电量保护功能的智能终端还装设了"非电量保护功能硬压板"。

1. 智能组件检修硬压板

智能终端的检修硬压板正常在退出状态，一旦投入该压板，智能终端显示为检修态，与运行的保护装置无法正常配合。智能终端检修硬压板与保护装置检修硬压板的配合逻辑见表 6-2。

表6-2　　　智能终端检修硬压板与保护装置检修硬压板的配合逻辑

序号	智能终端检修硬压板状态	保护装置检修硬压板状态	结　　果
1	投入	投入	保护装置动作时，智能终端执行保护装置相关跳合闸指令
2	投入	退出	保护装置动作时，智能终端不执行保护装置相关跳合闸指令，智能终端上送的设备位置遥信不参与保护装置逻辑计算
3	退出	投入	保护装置动作时，智能终端不执行保护装置相关跳合闸指令，智能终端上送的设备位置遥信不参与保护装置逻辑计算
4	退出	退出	保护装置动作时，智能终端执行保护装置相关跳合闸指令

2. 智能终端跳（合）闸出口硬压板

智能终端跳（合）闸出口硬压板安装于智能终端与断路器之间的电气回路中，退出此类压板后，继电保护装置无法通过智能终端对断路器实施跳闸（合闸）。智能终端投入运行状态时，此类压板需投入。

3. 闭锁重合闸硬压板

闭锁重合闸硬压板安装于双重化配置的智能终端之间，实现两套智能终端之间相互闭锁重合闸的功能。投入某一套智能终端闭锁重合闸硬压板后，将允许本装置闭锁另一套智能终端的重合闸出口。当双重化配置的智能终端正常运行时，此类压板需投入。为了简化智能终端的硬压板配置，也可根据设计要求对双套智能终端之间相互闭锁重合闸的回路进行电缆直联，取消了回路中间的闭锁重合闸硬压板。

4. 隔离开关控制硬压板

隔离开关控制硬压板实现对本间隔内隔离开关的遥控功能，一块压板对应一组隔离开关。正常运行时，具备遥控功能的隔离开关均可投入遥控压板。

5. 非电量保护功能硬压板

非电量保护功能硬压板负责控制主变压器（电抗器）本体重瓦斯、有载重瓦斯等非电量保护跳闸功能的投退。该压板投入时，非电量保护动作时发出信号和跳闸指令；压板退出时，保护仅发信。

6. 智能终端状态定义

为了配合调度对继电保护装置的状态定义，现场可将智能终端分为跳闸、信号和停用三种状态，其状态定义见表6-3。

表6-3　　　　　　　　　　智 能 终 端 状 态 定 义

序号	状态	跳（合）闸出口硬压板	闭锁重合闸硬压板	智能终端检修硬压板	智能终端直流电源
1	跳闸状态	投入	投入	退出	投入
2	信号状态	退出	投入		投入
3	停用状态	退出			退出

（1）跳闸状态是指智能终端装置直流电源投入，跳（合）闸出口硬压板投入，检修硬压板退出。

（2）信号状态是指智能终端装置直流电源投入，跳（合）闸出口硬压板退出。

（3）停用状态是指智能终端装置直流电源退出，跳（合）闸出口硬压板退出。

（三）合并单元

合并单元设有"检修硬压板"。当"合并单元检修硬压板"投入时，装置发出的SV报文都带TEST位。SV接收端装置将接收的SV报文中的TEST位与装置自身的检修压板状态进行比较，只有两者一致时才将该信号用于保护逻辑。如果电压输入TEST位和接收端检修压板不一致，且接收端装置电压SV投入时，装置发"TV检修不一致"报文,同时闭锁与电压相关的保护;如果电流输入TEST位和接收端检修压板不一致,且接收端装置电流SV投入时,装置发"TA检修不一致"报文,同时闭锁相关保护。正常"合并单元检修硬压板"在退出位置,当本间隔一次设备停役,保护及合并单元需检修时投入该压板;或者双重化配置的保护中某一套需停役时,相应的合并单元投入该压板。合并单元检修硬压板与保护装置检修硬压板的配合逻辑见表6-4。

表6-4　　　合并单元检修硬压板与保护装置检修硬压板的配合逻辑

序号	合并单元检修硬压板状态	保护装置检修硬压板状态	结　　果
1	投入	投入	合并单元发送的采样值参与保护装置逻辑计算,保护装置发出"检修报文"
2	投入	退出	合并单元发送的采样值不参与保护装置逻辑计算,并闭锁相关保护功能
3	退出	投入	合并单元发送的采样值不参与保护装置逻辑计算,并闭锁相关保护功能
4	退出	退出	合并单元发送的采样值参与保护装置逻辑计算,保护装置发出"正常报文"

为了配合调度对继电保护装置的状态定义,现场可将合并单元分为跳闸和停用两种状态,其状态定义见表6-5。

表6-5　　　　　　　　合并单元状态定义

序号	状态	合并单元交（直）流电源	合并单元检修硬压板
1	跳闸状态	投入	退出
2	停用状态	退出	

（1）跳闸状态是指合并单元装置交（直）流投入,检修硬压板退出。

（2）停用状态是指合并单元装置交（直）流退出。

二、保护分类说明

（一）公用软压板

每一套保护装置内都设有三块保护定值控制软压板,分别为"允许远方修改定值""允许远方切换定值区""允许软压板远方投退"。在二次设备投入运行前,需根据调度定值单要求明确以上三块压板的状态,并在操作员工作站相应的保护分画面中予以显示。

依照现有智能变电站的运维习惯，"允许远方修改定值""允许远方切换定值区""允许软压板远方投退"三块软压板只需要具备显示功能，不需要具备遥控操作功能。考虑到保护定值的安全管理要求以及运行人员的操作要求，设备正常运行情况下，推荐开放远方切换定值区和远方投退软压板功能，关闭远方修改定值功能。

（二）母线保护

220kV 及以上电压等级母线按双重化配置母线保护；110kV 及以下电压等级母线配置单套母线保护。母线保护用电流、电压数据应直接采样，保护动作直接跳出线断路器。母线保护与其他保护之间的联闭锁信号（失灵启动、主变压器保护动作解除电压闭锁等）采用 GOOSE 网络传输。当接入组件数较多时，可采用分布式母线保护。分布式母线保护由主单元和若干个子单元组成，主单元实现保护功能，子单元执行采样、跳闸功能，各间隔合并单元、智能终端以点对点的方式接入对应子单元。

母线保护功能软压板配置见表 6-6，其中"互联""分列"功能压板需根据现场一次设备接线方式确定数量，其余功能压板根据调度定值单投退。

表 6-6　　　　　　　　　　　　母线保护功能软压板配置

序号	压板名称	压板编号	备 注
1	投母差保护	1LP1	根据调度定值单投退
2	投失灵保护	1LP2	
3	投母联一互联	1LP3	根据现场实际接线确定压板数量，根据调度运行方式要求投退
4	投母联二（分段一）互联	1LP4	
5	投分段二互联	1LP5	
6	投母联一分列运行	1LP6	
7	投母联二（分段一）分列运行	1LP7	
8	投分段二分列运行	1LP8	
9	投母联充电过电流保护	1LP9	根据调度定值单确定是否启用

母线保护 GOOSE 发送软压板配置见表 6-7，其中闭锁出线重合闸、启动线路远方跳闸软压板根据保护装置具体实现功能确定现场是否需要设置。

表 6-7　　　　　　　　　　母线保护 GOOSE 发送软压板配置

序号	压板名称	压板编号	备　注
1	跳母联一断路器	1CLP1	GOOSE 发送软压板，根据现场实际接线确定压板数量，根据设备状态投退
2	跳母联二（分段一）断路器	1CLP2	
3	跳分段二断路器	1CLP3	
4	跳 1 号主变压器断路器	1CLP4	
5	跳 2 号主变压器断路器	1CLP5	
6	跳 3 号主变压器断路器	1CLP6	
7	跳 4 号主变压器断路器	1CLP7	
8	跳出线 1 断路器	1CLP8	
9	跳出线 X 断路器	1CLPX	
10	闭锁出线 1 重合闸	1BLP1	
11	闭锁出线 X 重合闸	1BLPX	
12	GOOSE 启动线路 1 远跳出口	1YLP1	
13	GOOSE 启动线路 X 远跳出口	1YLPX	
14	失灵联跳 1 号主变压器三侧出口	1TLP1	
15	失灵联跳 2 号主变压器三侧出口	1TLP2	
16	失灵联跳 3 号主变压器三侧出口	1TLP3	
17	失灵联跳 4 号主变压器三侧出口	1TLP4	

　　　母线保护 GOOSE 接收软压板配置见表 6-8，失灵启动开入软压板配合整套失灵保护停/启用，只有失灵保护功能压板投入后，相关失灵启动压板才跟随本间隔保护投退。

表 6-8　　　　　　　　　　母线保护 GOOSE 接收软压板配置

序号	压板名称	压板编号	备　注
1	母联一失灵启动	1QLP1	GOOSE 接收软压板，根据现场实际接线确定压板数量，根据设备状态投退；根据装置功能确定主变压器解复压是否单独设置压板
2	母联二（分段一）失灵启动	1QLP2	
3	分段二失灵启动	1QLP3	
4	1 号主变压器断路器失灵启动及解复压	1QLP4	
5	2 号主变压器断路器失灵启动及解复压	1QLP5	
6	3 号主变压器断路器失灵启动及解复压	1QLP6	
7	4 号主变压器断路器失灵启动及解复压	1QLP7	
8	出线 1 断路器失灵启动	1QLP8	
9	出线 X 断路器失灵启动	1QLPX	

母线保护 SV 软压板配置见表 6−9。

表 6−9 母线保护 SV 软压板配置

序号	压板名称	压板编号	备 注
1	电压 SV 投入	1SLP1	根据保护装置要求确定是否设置，一般情况下长期投入
2	母联一 SV 投入	1SLP2	根据现场实际接线确定压板数量，根据设备状态投退
3	母联二（分段一）SV 投入	1SLP3	
4	分段二 SV 投入	1SLP4	
5	1 号主变压器断路器 SV 投入	1SLP5	
6	2 号主变压器断路器 SV 投入	1SLP6	
7	3 号主变压器断路器 SV 投入	1SLP7	
8	4 号主变压器断路器 SV 投入	1SLP8	
9	出线 1 断路器 SV 投入	1SLP9	
10	出线 X 断路器 SV 投入	1SLPX	

（三）变压器保护

220kV 及以上变压器电量保护按双重化配置，每套保护包含完整的主、后备保护功能；变压器各侧及公共绕组的合并单元均按双重化配置，中性点电流、间隙电流并入相应侧的合并单元。110kV 变压器电量保护宜按双套配置，变压器各侧合并单元按双套配置，中性点电流、间隙电流并入相应侧的合并单元。

变压器保护用电流、电压数据应直接采样，保护动作直接跳各侧断路器；变压器保护跳母联、分段断路器及闭锁备自投、启动失灵等信号可采用 GOOSE 网络传输。变压器保护可通过 GOOSE 网络接收失灵保护跳闸命令，并实现失灵跳变压器各侧断路器。变压器电量保护功能软压板配置见表 6−10，中、低压侧压板的配置需根据现场实际接线方式确定。

表 6−10 变压器电量保护功能软压板配置

序号	压板名称	压板编号	备 注
1	投主保护	1LP1	根据调度定值单确定压板数量，根据设备状态投退
2	投高压侧后备保护	1LP2	
3	高压侧电压投入	1LP3	
4	投中压侧后备保护	1LP4	
5	中压侧电压投入	1LP5	

序号	压板名称	压板编号	备注
6	投低压侧一分支后备保护	1LP6	
7	低压侧一分支电压投入	1LP7	
8	投低压侧二分支后备保护	1LP8	根据调度定值单确定压板数量，根据设备状态投退
9	低压侧二分支电压投入	1LP9	
10	投低压侧一分支电抗器保护	1LP10	
11	投低压侧二分支电抗器保护	1LP11	
12	投公共绕组后备保护	1LP12	

变压器电量保护 GOOSE 软压板配置见表 6-11。

表 6-11　　　　变压器电量保护 GOOSE 软压板配置

序号	压板名称	压板编号	备注
1	跳主变压器高压侧断路器	1CLP1	
2	启动高压侧母差失灵	1CLP2	
3	解除高压侧母差复合电压闭锁	1CLP3	
4	跳高压侧母联断路器	1CLP4	
5	跳高压侧分段一断路器	1CLP5	
6	跳高压侧分段二断路器	1CLP6	
7	跳主变压器中压侧断路器	1CLP7	GOOSE 发送软压板，根据现场实际接线确定压板数量，根据设备状态投退
8	跳中压侧母联断路器	1CLP8	
9	闭锁中压侧备自投	1CLP9	
10	跳主变压器低压侧一分支断路器	1CLP10	
11	跳低压侧一分支母联断路器	1CLP11	
12	闭锁低压侧一分支备自投	1CLP12	
13	跳主变压器低压侧二分支断路器	1CLP13	
14	跳低压侧二分支母联断路器	1CLP14	
15	闭锁低压侧二分支备自投	1CLP15	
16	母差失灵联跳主变压器三侧断路器开入	1CLP16	GOOSE 接收软压板，根据装置功能确定是否需要

变压器电量保护 SV 软压板配置见表 6-12。

表 6-12　　　　　　　　　变压器电量保护 SV 软压板配置

序号	压板名称	压板编号	备　注
1	高压侧断路器电压 SV 投入	1SLP1	根据设备状态投退
2	高压侧断路器电流 SV 投入	1SLP2	
3	中压侧断路器电压 SV 投入	1SLP3	
4	中压侧断路器电流 SV 投入	1SLP4	
5	低压侧一分支断路器 SV 投入	1SLP5	
6	低压侧二分支断路器 SV 投入	1SLP6	
7	公共绕组 SV 投入	1SLP7	
8	低压侧一分支电抗器 SV 投入	1SLP8	
9	低压侧二分支电抗器 SV 投入	1SLP9	

　　变压器非电量保护采用就地化设计安装，一般在变压器本体周围直接安装有本体智能控制柜，柜内配置有本体保护智能终端、合并单元。变压器本体智能终端采用电缆直接跳闸方式，信息通过本体智能终端上送过程层 GOOSE 网络。变压器非电量保护启用的相关功能根据现场实际情况确定，其功能硬压板配置见表 6-13。

表 6-13　　　　　　　　　变压器非电量保护功能硬压板配置

序号	压板名称	压板编号	备　注
1	本体重瓦斯跳闸	5FLP1	根据现场实际功能需求确定压板数量，根据设备状态投退
2	调压重瓦斯跳闸	5FLP2	
3	本体压力释放跳闸	5FLP3	
4	本体压力突变跳闸	5FLP4	
5	油温高跳闸	5FLP5	
6	绕组油温高跳闸	5FLP6	
7	冷却器全停跳闸	5FLP7	
8	调压压力释放跳闸	5FLP8	
9	调压压力突变跳闸	5FLP9	
10	投检修状态	5FLP10	

　　变压器非电量保护出口硬压板配置见表 6-14，中压侧断路器是否具备两组跳圈根据现场实际配置确定。

表 6-14   变压器非电量保护出口硬压板配置

序号	压板名称	压板编号	备　注
1	跳主变压器高压侧断路器跳圈 Ⅰ	5CLP1	
2	跳主变压器高压侧断路器跳圈 Ⅱ	5CLP2	
3	跳主变压器中压侧断路器跳圈 Ⅰ	5CLP3	根据设备状态投退
4	跳主变压器中压侧断路器跳圈 Ⅱ	5CLP4	
5	跳主变压器低压侧一分支断路器	5CLP5	
6	跳主变压器低压侧二分支断路器	5CLP6	

（四）线路保护

220kV 及以上电压等级 3/2 断路器接线的输电线路，每回线路配置两套包含有完整的主、后备保护功能的线路保护装置，线路保护中包含过电压保护和远跳就地判别功能。线路间隔合并单元、智能终端均按双重化配置，出线配置的电压互感器对应两套双重化的线路电压合并单元，线路电压合并单元单独接入线路保护装置。线路间隔内线路保护装置与合并单元之间采用点对点采样值传输方式，每套线路保护装置应能同时接入线路保护电压合并单元、边断路器电流合并单元、中断路器电流合并单元的输出。

220kV 及以上电压等级双母线接线的输电线路，每回线路配置两套包含有完整的主、后备保护功能的线路保护装置，线路间隔的合并单元、智能终端应采用双重化配置。用于检同期的母线电压由母线合并单元点对点通过间隔合并单元传输给各间隔保护装置。保护用电流、电压数据应直接采样；保护装置与智能终端之间采用点对点直接跳闸方式；跨间隔信息（启动母差失灵和母差保护动作远跳等功能）采样 GOOSE 网络传输。

220kV 及以上电压等级的输电线路每套保护软压板配置见表 6-15，对于装置 GOOSE 跳闸出口及 GOOSE 启动失灵出口压板是否分相，需按照现场实际设置。

表 6-15   220kV 及以上电压等级输电线路保护软压板配置

序号	压板类型	压板名称	压板编号	备注
1		差动保护投入	1LP1	
2	功能压板	通道 A 投入	1LP2	根据调度定值单确定压板数量，根据调度运行方式要求投退
3		通道 B 投入	1LP3	
4		距离保护投入	1LP4	

续表

序号	压板类型	压板名称	压板编号	备注
5	功能压板	零序保护投入	1LP5	根据调度定值单确定压板数量，根据调度运行方式要求投退
6		停用重合闸	1LP6	
7	GOOSE 压板	A 相跳闸出口	1CLP1	根据保护装置功能确定压板名称、数量，根据调度运行方式要求投退
8		B 相跳闸出口	1CLP2	
9		C 相跳闸出口	1CLP3	
10		重合闸出口	1CLP4	
11		闭锁重合闸（永跳）	1CLP5	
12		A 相失灵启动	1CLP6	
13		B 相失灵启动	1CLP7	
14		C 相失灵启动	1CLP8	
15	SV 压板	出线 X　SV 投入	1SLP1	根据设备状态投退

110kV 线路应配置单套包含有完整的主、后备保护功能的线路保护装置，合并单元、智能终端均采用单套配置。110kV 电压等级的输电线路保护软压板配置见表 6-16。

表 6-16　　　　　110kV 电压等级输电线路保护软压板配置

序号	压板类型	压板名称	压板编号	备　注
1	功能压板	距离保护投入	1LP1	根据调度定值单确定压板数量，根据调度运行方式要求投退
2		零序保护投入	1LP2	
3		停用重合闸	1LP3	
4	GOOSE 压板	跳闸出口	1CLP1	根据调度运行方式要求投退
5		重合闸出口	1CLP2	
6	SV 压板	出线 X　SV 投入	1SLP1	根据设备状态投退

（五）母联（分段）保护

在智能化变电站中，220kV 及以上电压等级的母联（分段）保护采用双重化配置，保证双重化的过程层网络相互独立。110kV 母联（分段）保护按单套配置，一般采用保护、测控一体化设计。母联（分段）保护跳闸采用点对点直跳方式，其他保护（如变压器保护）跳母联（分段）断路器一般采用点对点直跳方式，也可采用 GOOSE 网络方式。母联（分段）保护软压板配置见表 6-17。

表6-17   母联（分段）保护软压板配置

序号	压板类型	压板名称	压板编号	备　注
1	功能压板	充电过电流保护	1LP1	根据调度定值单确定压板数量，根据调度运行方式要求投退
2		过电流Ⅰ段保护	1LP2	
3		过电流Ⅱ段保护	1LP3	
4		零序过电流Ⅰ段保护	1LP4	
5		零序过电流Ⅱ段保护	1LP5	
6	GOOSE压板	跳闸出口	1CLP1	根据调度运行方式要求投退
7		启动失灵保护	1QLP1	
8	SV压板	母联（分段）SV投入	1SLP1	根据设备状态投退

（六）分段保护及备用电源自投装置

35kV 及以下电压等级的分段保护一般就地安装，保护、测控、智能终端、合并单元一体化设计，装置提供 GOOSE 保护跳闸接口（主变压器保护跳分段），接入 110kV 过程层 GOOSE 网络。

在现有运行的智能变电站中，分段保护及备用电源自投装置一般通过 GOOSE 点对点引入两台主变压器断路器电流用于备自投逻辑判别；电缆引入两段母线电压用于备自投逻辑判别；电缆引入分段断路器电流用于分段保护等功能；GOOSE 点对点引入两电源断路器位置触点，电缆引入分段断路器位置触点用于系统运行方式及备自投逻辑判别；GOOSE 网络引入手跳或保护动作等闭锁备自投信号；GOOSE 点对点输出主变压器断路器的分合闸命令；借用本身保护装置回路实现备自投分合分段断路器的功能。

分段保护及备自投软压板配置见表6-18。

表6-18   分段保护及备自投软压板配置

序号	压板类型	压板名称	压板编号	备　注
1	功能压板	过电流Ⅰ段保护	1LP1	根据调度定值单确定压板数量，根据调度运行方式要求投退
2		过电流Ⅱ段保护	1LP2	
3		零序过电流保护	1LP3	
4		充电过电流保护	1LP4	
5		充电零序保护	1LP5	
6		备自投总投入	4LP1	

续表

序号	压板类型	压板名称	压板编号	备　注
7	GOOSE 压板	备自投跳主变压器断路器1	4CLP1	根据备自投运行方式确定使用压板，根据调度运行方式要求投退
8		备自投合主变压器断路器1	4CLP2	
9		备自投跳主变压器断路器2	4CLP3	
10		备自投合主变压器断路器2	4CLP4	
11		备自投跳分段断路器	4CLP5	
12		备自投合分段断路器	4CLP6	
13	SV 压板	分段 SV 投入	1SLP1	根据设备状态投退
14		主变压器断路器 1 SV 投入	1SLP2	
15		主变压器断路器 2 SV 投入	1SLP3	

（七）中低压间隔保护

中低压间隔保护是指 35kV 及以下的线路保护、电容器保护、站用变压器保护、并联电抗器保护等。此类保护一般按照常规保护设计，采用保护、测控一体化设备，按间隔单套配置，采用常规互感器，电缆直接跳闸。采用常规设计的中低压间隔保护没有配置智能终端、合并单元，其跳闸出口、合闸出口仍然采用常用的硬压板控制，操作员工作站仅能实现保护功能软压板的投退。当确需采用电子式互感器时，每个间隔的保护、测控、智能终端、合并单元功能宜按间隔合并实现，跨间隔开关量信息交换可采用过程层 GOOSE 网络传输。中低压间隔保护软压板配置见表 6-19。

表 6-19　　　　　　　　　　中低压间隔保护软压板配置

序号	压板类型	压板名称	压板编号	备　注
1	功能压板	过电流Ⅰ段保护	1LP1	根据调度定值单确定压板数量，根据调度运行方式要求投退
2		过电流Ⅱ段保护	1LP2	
3		过电压保护	1LP3	
4		欠电压保护	1LP4	
5		不平衡保护	1LP5	
6		重合闸投入	1LP6	
7	GOOSE 压板	跳闸出口	1CLP1	根据设备状态投退，现有运行的智能变电站一般采用常规设计，无此类压板
8		重合闸出口	1CLP2	
9	SV 压板	间隔 SV 投入	1SLP1	

第二节 保 护 操 作

一、保护操作原则

保护启用前,运行人员的检查项目包括:保护装置运行灯常亮,保护动作灯、异常告警灯熄灭,保护装置及监控后台无异常信号以及合并单元、智能终端上运行灯常亮,异常告警灯熄灭,指示灯正确。保护装置投"信号"时,保护装置及相应合并单元、智能终端、交换机等设备的直流电源需投入。

(一)硬压板操作

对于运行状态下智能组件(保护装置、测控装置、合并单元、智能终端)的检修硬压板,正常都处于退出位置。保护装置检修硬压板操作前,应确认保护装置处于"信号"状态,且与其相关的在运保护装置所对应的开入压板(GOOSE接收软压板)已退出。

智能变电站投入运行前,可在运行规程中明确运行人员的操作权限。除装置异常处理、事故检查等特殊情况外,运行人员正常不操作装置的检修硬压板及智能终端的跳、合闸压板。一次设备由开关检修改为冷备用或保护启用前,需检查确认间隔中各智能组件的检修硬压板已退出。

(二)软压板操作

正常操作时,运行人员在操作员工作站的监控画面内实现软压板的投退,操作前需在监控画面上核对软压板实际状态。为保证操作的正确性,可增加操作后核对监控画面及保护装置内软压板实际状态的内容。

软压板操作过程中,运行人员只完成软压板的投退,不涉及保护装置定值的修改。对于保护装置定值的修改、整定工作,需由二次人员完成。如果因通信中断无法远程操作软压板,可履行相关手续转为就地操作。运行人员在保护装置内就地操作软压板时,需查看装置液晶显示报文,确认正确后继续操作。

二、定值远方操作

智能变电站的操作员工作站具备直接调取保护定值的功能。经验收正确后,运行人员可在操作员工作站直接核对保护定值数据。如图 6-1 所示,某智能变

电站的操作员工作站设置了专门的保护管理界面，进入此界面后，选择相应保护
装置，并召唤其定值区后，画面会显示保护装置能设置的定值区总个数及当前运
行的定值区号。

图6-1 操作员工作站保护管理界面

启用召唤定值功能后，系统会弹出定值操作对话框，可以直接选择查看当前
运行定值区内容，如图6-2（a）所示；也可以手动输入定值区号，选择非当前
定值区内容进行查看，如图6-2（b）所示。

(a)

(b)

图6-2 保护定值区选择界面
（a）召唤当前区定值；（b）召唤非当前区定值

经选定相应定值区后，保护管理界面会显示出所选定值区的全部定值，同时具备网络打印功能，其显示界面如图6-3所示。

图6-3　定值显示界面

运行人员通过操作员工作站完成保护装置的定值区切换操作。操作前可在监控画面上核对保护装置实际运行区号，操作后可在监控画面及保护装置上核对定值正确。图 6-4 示例了某智能变电站定值区切换流程：在保护管理界面选定某一保护装置并启用切换定值区功能，系统界面会提示输入目标定值区的区号，运行人员输入编号后单击切换定值区，完成保护装置定值区切换。

系统提示定值区切换操作完成后，可重复上例所示查看运行定值区数据，核对其正确性。

智能变电站的定值远程查看及定值区远程切换功能提供给运行人员使用，二次检修人员需在保护装置上进行定值修改，正常可在操作员工作站上设置密码进行区别。

智能变电站保护装置具备远方修改定值功能，但为了保证继电保护装置定值的正确性，避免多路径修改带来的保护误整定事件发生，现场运行时建议关闭此功能，继电保护装置定值的修改由二次检修人员在保护装置上进行，并与运行人员共同核对定值正确。

图6-4 定值区切换操作界面

三、保护功能投退方式

智能变电站微机保护正常的功能投退均通过软压板来实现。在保护操作分画面中，日常运维所需使用的软压板均需单独画出，每块软压板标注名称并有本间隔唯一的编号，软压板的编号原则可参考本章第一节保护分类说明的内容。软压板的投退操作一般设置有操作人及监护人双重密码验证，且由于其虚拟性易带来操作盲区，每块软压板均应设置全站唯一的操作验证编码，由操作人员手动输入。一般的操作编码组成原则为本间隔断路器编码+软压板编号。智能变电站的软压板操作界面如图6-5所示。

运行人员操作软压板时，单击相应的压板，弹出操作对话框，如图6-6（a）所示。经过操作人及监护人密码验证后单击遥控选择，系统会弹出软压板遥控编码检查对话框，如图6-6（b）所示。操作人员需输入正确的操作验证编码，才能完成软压板的操作。如果操作验证编码输入错误，系统会提示"检查双编码失败，不能进行操作！"，并闭锁本次操作，如图6-6（c）所示。

操作保护装置SV软压板前，需确认对应的一次设备已停电或保护装置处于"信号"状态，误操作继电保护装置的"SV软压板"，可能引起保护装置误动或者拒动。间隔设备检修时，应退出本间隔所有与运行设备二次回路联络的压板（保护失灵启动软压板，母线保护本间隔SV软压板等），检修工作完成后应及时恢复并核对。

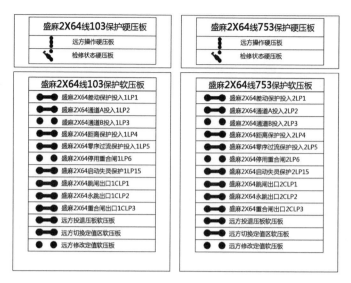

图6-5　软压板操作界面

图6-6　软压板操作流程

（a）操作对话框；（b）软压板遥控编码检查对话框；（c）软压板操作失败对话框

（一）母线保护

母线保护跳闸状态是指母线保护装置相应功能压板投入，相应间隔的GOOSE 开出（跳闸出口）压板、GOOSE 开入（失灵启动）压板投入，间隔 SV 压板投入；母线保护信号状态是指母线保护装置相应功能压板投入，相应间隔的 SV 压板投入，GOOSE 开出（跳闸出口）压板、GOOSE 开入（失灵启动）压板退出。母线保护的状态定义见表 6-20。

表 6-20　　　　　　　　　　母线保护的状态定义

序号	母线保护状态	功能软压板	GOOSE 开出（跳闸出口）压板	GOOSE 开入（失灵启动）压板	间隔 SV 压板
1	跳闸状态	投入	投入	投入	投入
2	信号状态	投入	退出	退出	投入

母线保护由跳闸改接信号的操作：应退出相关间隔的出口软压板、失灵开入软压板、母差失灵联跳主变压器三侧的出口软压板。对于母线保护有启动线路远跳软压板的，也应退出此类压板。

母线保护由信号改接跳闸的操作：检查母线保护装置无动作及异常信号，投入相关间隔的出口软压板、失灵开入软压板、母差失灵联跳主变压器三侧的出口软压板以及母线保护启动线路远跳软压板。

（二）变压器保护

变压器保护整套停启用，需将该套保护跳各侧开关软压板、失灵启动软压板、解除高压侧母差复压软压板（非电量只有出口硬压板）全部退出或投入。变压器保护中差动或后备保护等单一功能停启用时，只操作该保护的功能软压板，不停用跳闸总出口压板。变压器保护的状态定义见表 6-21。

表 6-21　　　　　　　　　　变压器保护的状态定义

序号	变压器保护状态	功能软压板	GOOSE 开出（跳闸出口、启动失灵）压板	GOOSE 开入（失灵联跳主变压器三侧）压板	间隔 SV 压板
1	启用状态	投入	投入	投入	投入
2	停用状态	退出	退出	退出	投入

变压器任意一侧断路器转为热备用或其他原因引起保护 TV 电压失压时，需取下两套后备保护的失压侧"投 X 侧电压"软压板。

（三）线路保护

线路保护跳闸状态是指线路保护装置相应功能软压板投入，相应的 GOOSE 压板投入；线路保护停用状态是指线路保护装置相应功能软压板投入，相应的 GOOSE 压板退出。线路保护的状态定义见表 6-22。

表 6-22 　　　　　　　　线路保护的状态定义

序号	线路保护状态		主（后备）保护功能软压板	GOOSE 开出（跳闸出口、启动失灵）压板	间隔 SV 压板
1	主保护	跳闸状态	投入	投入	投入
2		停用状态	退出	投入	投入
3	后备保护	启用状态	投入	投入	投入
4		停用状态	投入	退出	投入

注：线路保护整套停启用，需将该套保护的 GOOSE 开出软压板全部退出或投入。线路保护中单一的保护功能停启用时，可操作该保护的功能软压板，不停用 GOOSE 开出软压板。

线路保护的重合闸停启用通过投退重合闸功能软压板、重合闸出口软压板实现。重合闸的状态定义见表 6-23。

表 6-23 　　　　　　　　重 合 闸 的 状 态 定 义

序号	断路器重合闸状态	停用重合闸软压板	GOOSE 开出（合闸出口）压板	间隔 SV 压板
1	启用状态	退出	投入	投入
2	停用状态	投入	退出	投入

对于双重化配置的线路保护，两套线路保护的重合闸是相互独立的，重合闸的相互闭锁通过两套智能终端来实现。单套重合闸退出时，只退出单套保护重合闸出口压板，不投入停用重合闸压板。断路器重合闸启用时，两套重合闸方式应整定一致。

（四）母联（分段）保护

母联（分段）保护跳闸状态是指母联（分段）保护装置相应功能软压板投入，相应的 GOOSE 压板投入；母联（分段）保护信号状态是指母联（分段）保护装置相应功能软压板投入，相应的 GOOSE 压板退出。母联（分段）保护状态定义见表 6-24。

表 6-24　　　　　　　　母联（分段）保护的状态定义

序号	母联（分段）保护状态	保护功能软压板	GOOSE 开出（跳闸出口、启动失灵）压板	间隔 SV 压板
1	启用状态	投入	投入	投入
2	停用状态	投入	退出	投入

　　调度发令启用母联（分段）保护时，应检查相应功能软压板是否满足要求，必要时根据调度令调整功能软压板状态，再投入相应 GOOSE 压板。

（五）中低压间隔保护及备用电源自投装置

　　中低压间隔保护一般按照常规变电站配置，操作时仍按照原要求执行。操作低压线路保护重合闸时，可通过投退重合闸软压板来实现。

　　低压分段保护及备用电源自投装置的功能压板配置没有变化，只是将原有硬压板改为了软压板，备自投功能的停启用按照原有操作原则执行。现有智能变电站的设计中，备自投合分段断路器借用了低压分段保护的合闸硬压板出口，低压分段保护的停启用应避免影响备自投的功能，正常运维时可通过操作功能软压板来实现。备自投的状态定义见表 6-25。

表 6-25　　　　　　　　备 自 投 的 状 态 定 义

序号	备自投状态	备自投功能软压板	GOOSE 跳闸压板	GOOSE 合闸压板
1	启用状态	投入	投入	投入
2	停用状态	退出	退出	退出

四、安全措施执行

　　智能变电站由于设备实现方式的不同，二次设备的安全措施设置与常规变电站迥异，在对二次设备进行检修时，运行人员应充分了解智能二次设备的工作原理，保证安全措施布置的合理性，避免误操作的发生。由运行人员布置的二次设备安全措施，可通过在后台机上投退相关软压板实现。涉及二次设备硬件的安全措施（如插拔光纤接口、网络通道接口等通信接口），可由二次检修人员负责。

（一）正常检修安全措施布置

　　一次设备运行状态或热备用状态，相关保护装置、合并单元、智能终端检修前，相关保护装置需处于信号状态。

（1）保护装置检修工作开展前，将该保护装置改接信号，且将与之相关的运行中保护装置的 GOOSE 接收软压板（失灵启动压板等）退出。

（2）智能终端检修工作开展前，需调整采集该智能终端的开入（断路器、隔离开关位置）的相关保护装置状态，并提醒检修人员退出相应的智能终端出口压板。

（3）合并单元检修工作开展前，需将采集该合并单元采样值（电压、电流）的相关保护装置改接信号状态。

一次设备停役状态下，在相关保护装置、合并单元、智能终端检修前，需退出运行中的线路保护(3/2接线)、变压器保护、母线保护对应的 SV 软压板、GOOSE 开入软压板（失灵启动压板等）。

间隔设备（线路、主变压器、母联、分段）检修且二次设备有工作时，需退出其对应保护上所有的 GOOSE 跳闸、重合闸、GOOSE 联跳、启动失灵软压板，并退出母线保护上本间隔失灵启动软压板，退出母线保护装置上本间隔 SV 投入软压板。

三绕组主变压器中两侧断路器运行、一侧断路器检修且二次设备有工作时，需退出主变压器保护上检修断路器侧 GOOSE 出口软压板（跳闸、启动失灵、解除复压闭锁、闭锁备投）及 SV 投入软压板。

正常检修工作前执行安全措施的操作顺序可参照表 6-26 所示执行。

表 6-26　　　　　　　　安 全 措 施 执 行 顺 序

序号	装设安全措施顺序
1	退出运行保护装置中与检修合并单元相关的 SV 软压板
2	退出运行保护装置中相关的失灵、远跳（或远传）等 GOOSE 接收软压板
3	投入运行保护装置中对应的检修边（中）断路器置检修软压板（3/2 接线）
4	退出检修保护装置中与运行设备相关的跳闸、启动失灵、重合闸等 GOOSE 发送软压板

一次设备送电时，智能变电站继电保护系统需投入运行，运行人员需检查该间隔中各智能组件的检修硬压板在退出位置，跳闸、合闸、闭锁重合闸等硬压板在投入位置，装置正常无告警，然后执行相关软压板恢复操作。

正常恢复安全措施的操作顺序可参照表 6-27 所示执行。

表6-27 安全措施恢复顺序

序号	拆除安全措施顺序
1	投入检修保护装置中与运行设备相关的跳闸、启动失灵、重合闸等GOOSE发送软压板
2	退出运行保护装置中对应的检修边（中）断路器置检修软压板（3/2接线）
3	投入运行保护装置中相关的失灵、远跳（或远传）等GOOSE接收软压板
4	投入运行保护装置中与检修合并单元相关的SV软压板

（二）二次设备安全措施布置

单套保护配置的间隔，保护装置、合并单元、智能终端等装置上有工作，一次设备需陪停。双套保护配置的间隔，其中某一套保护装置、合并单元、智能终端等有工作，若一次设备不停电，应将该套保护装置、合并单元、智能终端一并停用，并保证另一套保护装置、合并单元、智能终端正常运行。

对于双套配置的线路保护装置若采用单合闸线圈，第一套智能终端的控制电源失去将影响两套线路保护重合闸出口。因此当第二套保护运行时，停用第一套智能终端不应断开第一套智能终端的控制电源。当仅第一套智能终端检修时，也应将保护重合闸功能停用。500kV设备双重化配置的智能终端，当单套智能终端退出运行时，应停用该断路器重合闸。

操作检修硬压板前，需先退出母线保护、变压器保护上对应间隔SV投入软压板，然后才能投入检修间隔各智能组件置检修硬压板。若在母线保护、变压器保护上SV投入软压板未退出情况下投入该间隔智能组件置检修硬压板，母线保护、变压器保护认为间隔设备检修状态不一致，造成母线保护、变压器保护误闭锁。

（三）二次回路安全措施

智能变电站电流量、电压量采用了数字形式，过程层不存在二次回路开路或短路问题，但是需要防止回路断链。SV采样回路断链或电压采样链路异常时，将闭锁与电压采样值相关的过电压、距离等保护功能；电流采样链路异常时，将闭锁与电流采样相关的电流差动、零序电流、距离等保护功能。

1.二次电压回路

双母线接线或单母分段接线方式下，若某组母线压变需要检修，可通过母线合并单元上二次电压并列把手实现母线电压并列。二次电压并列的前提是一次电压并列，即通过母联（分段）断路器运行后实现两组电压互感器一次侧并列运行。

两组电压互感器一、二次均并列以后，可以退出其中一组电压互感器，此时两条母线上的二次设备均由另一组电压互感器提供电压信号。

母线电压合并单元采集母联（分段）断路器位置及两侧隔离开关位置、电压互感器上的隔离开关位置，同时通过常规开入接入"母线电压并列把手"位置，并根据这些信号来完成电压并列。智能变电站合并单元电压并列逻辑见表6-28。

表6-28 合并单元电压并列逻辑

序号	输入/输出量		位置开入量	
1	输入	母联（分段）断路器与两侧隔离开关	1	1
2		正（Ⅰ）母电压互感器隔离开关	×	1
3		副（Ⅱ）母电压互感器隔离开关	1	×
4		并列把手强制用副（Ⅱ）母电压	1	0
5		并列把手强制用正（Ⅰ）母电压	0	1
6	输出	输出的正（Ⅰ）母电压	副（Ⅱ）母	正（Ⅰ）母
7		输出的副（Ⅱ）母电压	副（Ⅱ）母	正（Ⅰ）母

注：×表示此开入量不参与逻辑判断。

除表6-28所列情况外，合并单元输出的母线电压均对应一致输出。当并列把手切至强制位置，而对应的断路器、隔离开关等位置不符合逻辑时，装置将延时发"电压并列逻辑异常"信号。电压互感器检修时，应正确选择"强制用副（Ⅱ）母电压"或"强制用正（Ⅰ）母电压"，否则将导致运行母线失压。

2. 二次电流回路

智能变电站新设备投运前需将新间隔的TA二次回路直接接入相应的合并单元，但新间隔TA二次回路需短接退出母线保护及线路保护。此时可通过控制每套保护中相应的SV接收压板来完成TV二次回路短接工作，即母线保护装置中新间隔对应的"间隔SV压板""失灵启动压板"应退出，新间隔线路保护的"SV投入压板"应退出。待满足带负荷试验条件后，再将母线保护装置中新间隔对应的"间隔SV压板"投入，将线路保护的"SV投入压板"投入，做带负荷试验。

第七章 智能变电站巡视特殊点

目前，智能变电站一次设备除电子式互感器外，其他一次设备还没有实现智能化，其智能设备主要集中在二次设备，主要是智能终端和合并单元。因此，对智能变电站而言，其区别于常规变电站巡视特殊点在于智能设备的巡视。对于智能设备的巡视主要可以分为装置巡视和后台巡视。

第一节 巡视类型及周期

智能变电站设备巡视分为例行巡视、全面巡视、熄灯巡视、专业巡视和特殊巡视。巡视周期根据变电站重要性分类而定。变电站一次、二次、通信、计量、站用电源及辅助系统等智能设备的例行巡视、全面巡视、熄灯巡视及特殊巡视工作由变电运维单位负责，专业巡视由相关设备检修维护单位的相关专业负责。

（一）例行巡视

例行巡视是指对站内设备及设施外观、异常声响、设备渗漏、监控系统、二次装置及辅助设施异常告警、消防安防系统完好性、变电站运行环境、缺陷和隐患跟踪检查等方面的常规性巡查，具体巡视项目按照现场运行通用规程和专用规程执行。变电站根据重要程度，划分为四类。

1. 一类变电站

交流特高压站，核电、大型能源基地（300 万 kW 及以上）外送及跨大区（华北、华中、华东、东北、西北）联络 50/500/330kV 变电站。

2. 二类变电站

除一类变电站以外的其他 750/500/330kV 变电站，电厂外送变电站（100 万 kW 及以上、300 万 kW 以下）及跨省联络 220kV 变电站，主变压器或母线停运、开关拒动造成四级及以上电网事件的变电站。

3. 三类变电站

除二类以外的 220kV 变电站，电厂外送变电站（30 万 kW 及以上，100 万 kW 以下），主变压器或母线停运、开关拒动造成五级电网事件的变电站，为一级及以上重要用户直接供电的变电站。

4. 四类变电站

除一、二、三类以外的 35kV 及以上变电站。

一类变电站每 2 天不少于 1 次；二类变电站每 3 天不少于 1 次；三类变电站每周不少于 1 次；四类变电站每 2 周不少于 1 次。配置机器人巡检系统的变电站，机器人可巡视的设备可由机器人巡视代替人工例行巡视。

（二）全面巡视

全面巡视是指在例行巡视项目基础上，对站内设备开启箱门检查，记录设备运行数据，检查设备污秽情况，检查防火、防小动物、防误闭锁等有无漏洞，检查接地引下线是否完好，检查变电站设备厂房等方面的详细巡查。全面巡视和例行巡视可一并进行。

一类变电站每周不少于 1 次；二类变电站每 15 天不少于 1 次；三类变电站每月不少于 1 次；四类变电站每 2 月不少于 1 次。需要解除防误闭锁装置才能进行巡视的，巡视周期由各运维单位根据变电站运行环境及设备情况在现场运行专用规程中明确。

（三）熄灯巡视

熄灯巡视指夜间熄灯开展的巡视，重点检查设备有无电晕、放电，接头有无过热现象。熄灯巡视每月不少于 1 次。

（四）专业巡视

专业巡视指为深入掌握设备状态，由运维、检修、设备状态评价人员联合开展对设备的集中巡查和检测。

一类变电站每月不少于 1 次；二类变电站每季不少于 1 次；三类变电站每半年不少于 1 次；四类变电站每年不少于 1 次。

（五）特殊巡视

特殊巡视指因设备运行环境、方式变化而开展的巡视。遇有以下情况，应进行特殊巡视：

（1）大风、雷雨、冰雪、冰雹等恶劣天气后，以及雾霾过程中。

（2）新设备投入运行后。

（3）设备经过检修、改造或长期停运后重新投入系统运行后。

（4）设备缺陷有发展时。

（5）设备发生过负载或负载剧增、超温、发热、系统冲击、跳闸等异常情况。

（6）法定节假日、上级通知有重要保供电任务时。

（7）电网供电可靠性下降或存在发生较大电网事故（事件）风险时段。

第二节　智能装置巡视

装置巡视主要是集中在装置运行环境、运行工作、显示信息时正常，主要巡视项目包括：

（1）检查智能终端、合并单元设备外观正常，各交直流空气开关正确，电源指示正常，各类信号指示正常，无告警信息。

（2）检查室外智能终端箱、智能控制柜密封良好，无进水受潮，箱内温、湿度控制器工作正常，设备运行环境温度正常，无异常发热，柜内温度应保持在5～50℃，湿度应小于75%。

（3）智能终端箱上断路器"远方/就地"转换开关在远方位置，"联锁/切换"开关在"联锁"位置。

（4）智能终端箱内继电器、接触器二次线无发热，端子接头无脱落现象。

（5）合并单元装置运行、对时同步灯、GOOSE通信灯、各通道灯、刀开关位置灯常亮，无异常和报警指示，刀开关位置指示与实际一致。

（6）检查光纤应有明确、唯一的标牌，需注明传输信息种类、两端设备、端口名称等。

（7）检查光纤接头可靠连接，光纤无打折、破损现象，备用芯防尘帽无破裂、脱落，密封良好。

（8）检查光纤熔接盒稳固，光纤引出、引入口应可靠连接，尾纤在屏内的弯曲内径大于10cm（光缆的弯曲内径大于70cm），光纤应无打折、破损现象。

（9）检查各交直流空气开关位置正确，压板投退状态与运行状态和调度要求相一致。

（10）检查装置无其他异常声响及异常气味。

（11）远程巡视时利用远方监控后台定期查看保护设备告警信息，检查保护通信正常，保护定值区正确，各软压板控制模式和投退状态正确。

（12）远程巡视重点检查测控装置"SV 通道"和"GOOSE 通道"信号正常。

上述巡视项目是智能设备通用的巡视方法，对于不同厂家生产的设备，由于其设备的相关信号显示和释义具有较大差别，在巡视时要加以区分。下面结合国内常见智能设备生产厂家的部分产品进行举例说明。

（一）智能终端

1. 变压器间隔智能终端

变压器本体智能终端提供本体非电量保护功能，用于替代传统非电量保护。就地实现非电量保护，由于电缆距离的缩短，减低了分布电容，能够有效减少由于电缆的损坏、直流一点接地或电磁干扰导致非电量保护拒动或误动的可能性。主变压器本体智能终端单套配置，提供主变压器挡位、冷却器、非电量保护相关信号和控制功能。目前各厂家设计的智能终端实现的主要功能基本相同，但是其界面及信号的释义差别较大。

（1）PSIU602 主变压器本体智能终端。PSIU602 主变压器本体智能终端，主要适用于主变压器间隔数字化，具有一组分相跳闸回路和一组分相合闸回路，以及 4 把隔离开关、4 把接地开关的分合出口，支持基于 IEC 61850 的 GOOSE 通信协议，支持保护的分相跳闸、三跳、重合闸、非全相等 GOOSE 命令，支持测控的遥控分、合等 GOOSE 命令，具有出口返校功能，具有压力监视及闭锁功能，具有跳合闸回路监视功能，各种位置和状态信号的合成功能，可以完成断路器、隔离开关、接地开关的控制和信号采集，支持联锁命令输出，满足 GOOSE 点对点直跳的需求。其面板指示灯及释义见表 7-1。

表 7-1　　　　　PSIU602 主变压器本体智能终端面板指示灯释义

序号	指示灯	颜色	说　　明
1	检修	绿	检修开入时点亮
2	配置异常	红	GOOSE 配置异常
3	对时异常	红	对时异常灯
4	A 网告警	红	A 网 GOOSE 中断未全部返回时，点亮，非自保持
5	B 网告警	红	B 网 GOOSE 中断未全部返回时，点亮，非自保持

续表

序号	指示灯	颜色	说　明
6	本体重瓦斯	红	本体重瓦斯动作时点亮，自保持
7	油温高跳闸	红	油温高跳闸动作时点亮，自保持
8	绕组温高跳闸	红	绕组温高跳闸动作时点亮，自保持
9	本体油位异常	红	本体油位异常动作时点亮，自保持
10	本体轻瓦斯	红	本体轻瓦斯动作时点亮，自保持
11	油温高告警	红	油温高告警动作时点亮，自保持
12	绕组温高告警	红	绕组温高告警动作时点亮，自保持
13	调压油位异常	红	调压油位异常动作时点亮，自保持
14	中性点控分		不用
15	中性点控合		不用
16	中性点闭锁		不用
17	中性点分位		不用
18	中性点合位		不用
19	升挡	红	非自保持
20	降挡	红	非自保持
21	急停	红	非自保持
22	中性点分位2		不用
23	中性点合位2		不用
24	启动风冷	红	非自保持
25	闭锁调压	红	非自保持
26	中性点控分2		不用
27	中性点控合2		不用
28	中性点闭锁2		不用
29	风扇运行	红	风扇运行动作时点亮，自保持
30	风扇就地控制	红	风扇就地控制动作时点亮，自保持
31	调压重瓦斯	红	调压重瓦斯动作时点亮，自保持
32	冷却器故障	红	冷却器故障动作时点亮，自保持
33	非电量失电	红	非电量失电动作时点亮，自保持
34	冷却器全停跳闸		不用
35	本体压力释放	红	本体压力释放动作时点亮，自保持
36	调压轻瓦斯	红	调压轻瓦斯动作时点亮，自保持
37	风冷全停		不用

续表

序号	指示灯	颜色	说　明
38	控制箱电源故障	红	控制箱电源故障动作时点亮，自保持
39	调压压力释放	红	调压压力释放动作时点亮，自保持
40	备用		
41	遥信	红	非自保持，挡位编码

正常运行时，检修指示灯在无检修工作时熄灭，配置异常、对时异常、A网告警、B网告警、本体重瓦斯、油温高跳闸、绕组高温跳闸、本体油位异常、本体轻瓦斯、油温高告警、绕组温高告警、调压油位异常、急停、调压重瓦斯、冷却器故障、非电量失电、本体压力释放、调压轻瓦斯、控制电源箱故障、调压压力释放等指示灯不亮，表征有载调挡的升挡、降挡指示灯以及表征风扇运行状况及控制状况的指示灯应与设备当前实际运行状态相符。

（2）NSR-384主变压器本体智能终端。NSR-384B本体智能终端配置了非电量保护和本体测控功能，可以完成不分相的本体非电量保护、主变压器分接头挡位调节与测量、隔离开关遥控、风扇控制以及温、湿度测量等功能，可与220kV及以下电压等级变压器或电抗器配合使用。其面板指示灯及释义见表7-2。

表7-2　　　　NSR-384主变压器本体智能终端面板指示灯及释义

序号	指示灯	颜色	说　明
1	运行	绿	装置正常运行时亮
2	告警	黄	装置报警时亮
3	检修	黄	装置检修投入时亮
4	对时异常	黄	装置没有收到对时信号时亮
5	GO-A网断链	黄	GOOSE A网断链时亮
6	GO-B网断链	黄	GOOSE B网断链时亮
7	GO配置错误	黄	GOOSE配置不一致时亮
8	光耦电源失电	黄	任一开入插件的光耦电源监视无效时亮
9	启动风冷	黄	启动风冷出口动作时亮
10	闭锁调压	黄	闭锁调压出口动作时亮
11	本体重瓦斯	红	本体重瓦斯跳闸输入有效时亮，保持至外部复归
12	调压重瓦斯	红	调压重瓦斯跳闸输入有效时亮，保持至外部复归
13	本体压力释放	红	本体压力释放跳闸输入有效亮，保持至外部复归
14	调压压力释放	红	调压压力释放跳闸输入有效时亮，保持至外部复归

续表

序号	指示灯	颜色	说　明
15	压力突变	红	压力突变跳闸输入有效时亮，保持至外部复归
16	油温高跳闸	红	本体油温高跳闸输入有效时亮，保持至外部复归
17	调压油温跳闸	红	调压油温高跳闸输入有效时亮，保持至外部复归
18	绕组过温跳闸	红	本体绕组过温跳闸输入有效时亮，保持至外部复归
19	调压绕温跳闸	红	调压绕组过温跳闸输入有效时亮，保持至外部复归
20	本体轻瓦斯	黄	本体轻瓦斯开入有效时亮
21	调压轻瓦斯	黄	调压轻瓦斯开入有效时亮
22	本体油位异常	黄	本体油位异常开入有效时亮
23	调压油位异常	黄	调压油位异常开入有效时亮
24	冷却器全停	黄	冷却器全停跳闸输入有效时亮，保持至外部复归
25	油温高告警	黄	本体油温高告警开入有效时亮
26	调压油温告警	黄	调压油温高告警开入有效时亮
27	绕组过温告警	黄	本体绕组过温告警开入有效时亮
28	调压绕温告警	黄	调压绕组过温告警开入有效时亮
29	其他	绿	当对应的开入有效时亮

正常运行时，运行指示灯常亮，检修指示灯在无检修工作时熄灭，装置告警指示灯熄灭，对时异常、GO-A网断链、GO-B网断链、GO配置错误、光耦电源失电、闭锁调压、本体重瓦斯、调压重瓦斯、本体压力释放、调压压力释放、压力释放、压力突变、油温高跳闸、绕组过温跳闸、调压绕温跳闸、本体轻瓦斯、本体重瓦斯、本体油位异常、调压油位异常、冷却器全停、油温高告警、调压油温高告警、绕组过温告警、调压绕温告警等信号指示灯不亮，启动风冷信号指示灯的状态应与设备当前实际运行状态相符。

（3）JFZ-600R主变压器本体智能终端。JFZ-600R智能终端具有所在间隔的信息采集、控制以及部分保护功能，包括隔离开关、接地开关的监视和控制，同时还具备非电量保护功能。其面板指示灯及释义见表7-3。

表7-3　　JFZ-600R主变压器本体智能终端面板指示灯及释义

序号	指示灯	颜色	说　　明
1	运行	绿	装置运行时为常亮
2	总告警	红	灯亮表示装置内部故障

续表

序号	指示灯	颜色	说　明
3	检修	红	灯亮表示进入检修状态
4	非电量动作	红	灯亮表示非电量保护保护功能动作
5	非电量告警	红	灯亮表示非电量发报警信号
6	GO A/B 告警	红	灯亮表示 GOOSE 通信中断

注　其他指示灯根据实际接入信号而定，灯亮表示有相关量开入。

正常运行时，装置运行指示灯常亮，检修指示灯在无检修工作时熄灭，总告警指示灯熄灭，非电量动作、非电量告警、GO A/B 告警指示灯熄灭，其他指示灯正常运行状态为熄灭状态，灯亮表示有相关量开入，其应根据实际接入情况判断相关量是否正常。

（4）DTU-801 变压器智能终端。DTU-801 适用于电力系统 110kV 及以上电压等级变压器间隔，主要完成该间隔变压器本体（有载开关系统、冷却系统、油温系统、中性点隔离开关和本体非电量保护）的操作控制和状态监视，直接或通过过程层网络基于 GOOSE 服务发布采集信息；直接或通过过程层网络基于 GOOSE 服务接收指令，驱动执行器完成控制功能。其面板指示灯及释义见表 7-4。

表 7-4　　　DTU-801 主变压器本体智能终端面板指示灯及释义

序号	指示灯	颜色	说　明
1	运行	绿	装置正常运行时常亮
2	告警	红	正常运行时熄灭，当装置异常或告警（硬件或软件自检或内部通信异常）时点亮
3	网络异常	红	正常运行时熄灭，当过程层网或直采直跳网口报文异常（中断或格式不正确、不对应）时点亮
4	非电量跳闸	红	正常运行时熄灭，当装置非电量保护跳闸发生时点亮，告警灯保持，通过复归硬开入或 GOOSE 开入进行复归
5	非电量告警	红	正常运行时熄灭，当装置非电量保护告警发生时点亮，告警灯保持，通过复归硬开入或 GOOSE 开入进行复归
6	挡位调节	红	正常运行时熄灭，接收到 GOOSE 控制命令进行挡位升降或急停闭锁时点亮，命令消失后自动熄灭。传动实验时，对应指示灯闪烁
7	闭锁调压	红	正常运行时熄灭，接收到 GOOSE 控制命令闭锁挡位调节时点亮，命令消失后自动熄灭。传动实验时，对应指示灯闪烁

续表

序号	指示灯	颜色	说　明
8	隔离开关操作	红	正常运行时熄灭，接收到 GOOSE 控制命令隔离开关出口时点亮，命令消失后自动熄灭。当传动实验时，对应指示灯闪烁
9	风冷启动	红	正常运行时熄灭，接收到 GOOSE 控制命令冷却器启动时点亮，命令消失后自动熄灭。传动实验时，对应指示灯闪烁
10	隔离开关 1～2 合	红	当隔离开关合位时点亮，低电平时熄灭
11	隔离开关 1～2 分	红	当隔离开关分位时点亮，低电平时熄灭
12	检修状态	绿	正常运行时熄灭，接收到 GOOSE 控制命令隔离开关出口时点亮，命令消失后自动熄灭。做传动实验时，对应指示灯闪烁

正常运行时，装置运行指示灯常亮，检修指示灯在无检修工作时熄灭，告警、网络异常、非电量跳闸、闭锁调压、隔离开关操作指示灯熄灭。挡位调节、隔离开关位置指示灯应与设备实际运行状态相符。

（5）UDM501T 系列本体智能终端。UDM 系列本体智能终端包括 UDM－501T B07、UDM－501T B08、UDM－501T B15、UDM－501T B16。装置用于采集非电量直跳开入信号、非电量告警开入信号、变压器分接头挡位信号、相关的隔离开关位置信号、直流测量信号、其他相关的开入信号或中性点的模拟量信号，利用符合 IEC 61850 标准的 GOOSE 和 SV 报文，上送给间隔层装置使用。装置接收间隔层的 GOOSE 命令，实现变压器挡位调节、隔离开关分合控制、其他独立开出控制的功能。同时装置具备非电量开入直接跳闸功能。其面板指示灯及释义见表 7－5。

表 7－5　　　　UDM501T 系列本体智能终端面板指示灯及释义

序号	指示灯	颜色	说　明
1	装置运行	绿	亮：装置正常运行；灭：装置未上电或程序异常
2	装置告警	红	亮：装置检测到运行异常状态；灭：装置运行正常
3	采样异常	红	亮：装置采样回路、数据异常；灭：装置采样回路、数据正常
4	检修状态	绿	亮：装置检修投入；灭：装置检修未投
5	对时异常	红	亮：装置与外部时钟对时异常；灭：装置与外部时钟对时正常
6	GOOSE 异常	红	亮：装置接受 GOOSE 异常；灭：装置接受 GOOSE 正常
7	非电量跳闸	红	亮：装置产生某一路或某几路非电量跳闸；灭：装置未产生非电量跳闸
8	非电量 n 或非电量延时 n	红	亮：装置产生非电量 n 跳闸或告警；灭：装置未产生非电量 n 跳闸或告警

正常运行时，装置运行指示常亮，检修指示灯在无检修工作时熄灭，装置告警指示灯熄灭，对时异常、GOOSE 异常、采样异常、非电量跳闸、非电量 n 或非电量延时 n 等表示系统运行异常的指示灯熄灭。

2. 母线及出线间隔

（1）JFZ-600F 智能终端。JFZ-600F 智能终端为分相智能终端，主要应用于 220kV 及以上电压等级的母线及线路间隔。其面板指示灯及释义见表 7-6。

表 7-6　　　　　　　　JFZ-600F 智能终端面板指示灯及释义

序号	指示灯	颜色	说明
1	运行	绿	装置运行时为常亮
2	总告警	红	灯亮表示装置内部故障
3	检修	红	灯亮表示进入检修状态
4	动作	红	灯亮表示装置保护功能动作
5	跳闸	红	灯亮表示收到并完成出口命令
6	重合灯	红	灯亮表示收到并完成重合命令
7	GOA/B 告警	红	灯亮表示 GOOSE 通信中断
8	G1 合位	红	当正（副）母电压互感器避雷器隔离开关合位时点亮
9	G1 分位	绿	当正（副）母电压互感器避雷器隔离开关分位时点亮
10	GD1 合位	红	当正（副）母压变避雷器接地开关合位时点亮
11	GD1 分位	绿	当正（副）母压变避雷器接地开关分位时点亮
12	GD2 合位	红	当正（副）母线接地开关合位时点亮
13	GD2 分位	绿	当正（副）母线接地开关分位时点亮

注　其余的指示灯暂均不用。

（2）JFZ-600S 智能终端。JFZ-600S 智能终端为三相智能终端，主要用于 110kV 及以下电压等级的线路和母线间隔。其面板指示灯及释义见表 7-7。

表 7-7　　　　　　　　JFZ-600S 智能终端面板指示灯及释义

序号	指示灯	正常状态	说明
1	运行	常亮	装置运行时为常亮
2	总告警	常熄	灯亮表示装置内部故障
3	检修	常熄	灯亮表示进入检修状态
4	动作	常熄	灯亮表示装置保护功能动作
5	跳闸	常熄	灯亮表示收到并完成 C 相出口命令

序号	指示灯	正常状态	说　明
6	GO A/B 告警	常熄	灯亮表示 GOOSE 通信中断
7	合闸位置		灯亮对应开入状态为 1，即有开入信号输入
8	分闸位置		灯亮对应开入状态为 1，即有开入信号输入
9	G、GD 灯	视设备实际接入情况而定	灯亮对应开入状态为 1，即有开入信号输入（隔离开关位置指示）
10	备用	视设备实际接入情况而定	灯亮对应开入状态为 1，即有开入信号输入

正常运行时，运行指示绿灯常亮，检修指示灯在无检修工作时熄灭，总告警、动作、跳闸、重合、GOA/B 告警灯熄灭，隔离开关位置指示灯状态与设备实际运行状态相符，备用灯视设备实际接入情况而定，灯亮表示有信号开入。

（3）NS3658 智能终端。NS3658 智能终端用于智能变电站中智能保护或测控装置对三相分合闸断路器的遥信采集和跳合闸控制，一般在断路器附近就地安装。其面板指示灯及释义见表 7–8。

表 7–8　　　　　　　　NS3658 智能终端面板指示灯及释义

序号	指示灯	颜色	说　明
1	电源	绿	亮：电源正常；灭：电源异常
2	运行	绿	亮：保护运行；灭：保护退出（自检出错或正在修改定值）
3	告警	红	亮：有告警事件（如控制回路断线）；灭：没有告警事件
4	备用	红	保护跳闸动作使此灯亮，返回后灯不灭，当有复归命令再使灯灭
5	备用	红	保护重合闸动作使此灯亮，返回后灯不灭，当有复归命令再使灯灭
6	备用	绿	亮：重合闸充电完成；灭：重合闸放电
7	保护出口	绿	当接收到有效 GOOSE 出口命令此灯亮，返回后灯不灭，当有复归命令再使灯灭
8	遥控选择	绿	当接收到 GOOSE 出口遥控选择命令此灯亮，返回后灯灭
9	合位	红	亮：开关合位遥信为 1；灭：开关合位遥信为 0
10	跳位	绿	亮：开关跳位遥信为 1；灭：开关跳位遥信为 0

正常运行中，电源、运行指示绿灯常亮，告警指示红灯熄灭，保护出口、遥控选择绿灯熄灭，合位与跳位灯仅有一个常亮，且应与设备实际运行状态相符。4 号备用指示灯、5 号备用指示灯熄灭，6 号备用指示灯状态应与重合闸的状态相

符，重合闸充电，该灯亮。重合闸放电，该灯熄灭。

（4）DBU－806 智能终端。DBU－806 适用于电力系统 220kV 及以上电压等级多种开关间隔，包含敞开式断路器和组合高压电器，主要完成该间隔内断路器以及与其相关隔离开关、接地开关和快速接地开关的操作控制和状态监视，直接或通过过程层网络基于 GOOSE 服务发布采集信息；直接或通过过程层网络基于 GOOSE 服务接收指令，驱动执行器完成控制功能，并具有防误操作功能。其面板指示灯及释义见表 7－9。

表 7－9　　　　　　　　DBU－806 智能终端面板指示灯及释义

序号	指示灯	颜色	说　明
1	运行	绿	装置正常运行时常亮
2	告警	红	正常运行时熄灭，当装置异常或告警（硬件或软件自检或内部通信异常）时点亮
3	网络异常	红	正常运行时熄灭，当过程层网或直采直跳网口报文异常（中断或格式不正确、不对应）时点亮
4	跳 A、跳 B、跳 C	红	正常运行时熄灭，当装置接收到保护 GOOSE 命令断路器出口时点亮并保持，通过复归命令或按键熄灭
5	合 A、合 B、合 C	红	正常运行时熄灭，当装置接收到保护 GOOSE 命令断路器出口时点亮并保持，通过复归命令或按键熄灭
6	测控操作	红	正常运行时熄灭，当装置接收到测控 GOOSE 命令断路器或隔离开关出口时点亮，命令消失后自动熄灭。当某测控做传动实验时，对应指示灯闪烁
7	手动操作	红	正常运行时熄灭，当手动分合断路器时点亮，手动操作终止后自动熄灭
8	检修状态	红	正常运行时熄灭，当检修压板投入时点亮，退出时熄灭
9	隔离开关 1 合	红	各相隔离开关合位时点亮，任一相为低电平时熄灭（Ⅰ母隔离开关）
10	隔离开关 2 合	红	各相隔离开关合位时点亮，任一相为低电平时熄灭（Ⅱ隔离开关）
11	隔离开关 3 合	红	各相隔离开关合位时点亮，任一相为低电平时熄灭（线路隔离开关）
12	隔离开关 1 分	绿	各相隔离开关跳位时点亮，任一相为低电平时熄灭（Ⅰ母隔离开关）
13	隔离开关 2 分	绿	各相隔离开关跳位时点亮，任一相为低电平时熄灭（Ⅱ隔离开关）
14	隔离开关 3 分	绿	各相隔离开关跳位时点亮，任一相为低电平时熄灭（线路隔离开关）

正常运行时，运行指示灯常亮，告警、网络异常、跳 A、跳 B、跳 C、合 A、合 B、合 C 指示灯不亮，测控操作、手动操作指示灯不亮，检修状态指示灯不亮，

隔离开关位置指示灯应与现场设备实际运行状态相符。

DBU－814 适用于电力系统 110kV 电压等级多种开关间隔，基本功能与 DBU－806 类似，其面板指示灯释义与 DBU－806 基本一致。

（5）PSIU600 系列智能终端。PSIU600 系列智能终端可适用于分相断路器、三相断路器、大中型主变压器间隔，同时也可配套传统电磁式电流、电压互感器，实现合并单元功能。该系列智能终端在产品上具体分为：

1）PSIU601 分相智能操作箱装置，适用于分相动作的断路器；

2）PSIU621 三相智能操作箱装置，适用于三相动作的断路器或母线隔离开关。

PSIU600 面板指示灯及释义见表 7－10。

表 7－10　　　　　　　　PSIU600 智能终端面板指示灯及释义

序号	指示灯	颜色	说　　明
1	检修	绿	亮：检修开入；灭：检修未开入
2	GOOSE 总告警	红	亮：任意配置 GOOSE 块中断，点亮，非自保持；灭：GOOSE 块正常
3	A 网告警	红	亮：A 网 GOOSE 中断未全部返回时，点亮，非自保持；灭：A 网 GOOSE 正常
4	B 网告警	红	亮：B 网 GOOSE 中断未全部返回时，点亮，非自保持；灭：B 网 GOOSE 正常
5	控制电源故障	红	亮：控制电源故障开入时点亮，非自保持；灭：控制电源正常
6	开关控分	绿	亮：遥控分开关开入，非自保持；灭：无遥控分开关开入
7	开关控合	红	亮：遥控合开关开入，非自保持；灭：无遥控合开关开入
8	A 相跳位	绿	亮：A 相跳位置接入，非自保持；灭：无 A 相跳位置接入
9	B 相跳位	绿	亮：B 相跳位置接入，非自保持；灭：无 B 相跳位置接入
10	C 相跳位	绿	亮：C 相跳位置接入，非自保持；灭：无 C 相跳位置接入
11	隔离开关 1～4	红	亮：隔离开关合位置接入，非自保持；灭：无隔离开关合位置接入
12	接地开关 1～3	红	亮：接地开关合位置接入，非自保持；灭：无接地开关合位置接入
13	直跳开入	红	一般不使用
14	保护跳 A	红	亮：保护跳 A 相开入，自保持；亮：无保护跳 A 相开入
15	保护跳 B	红	亮：保护跳 B 相开入，自保持；亮：无保护跳 B 相开入
16	保护跳 C	红	亮：保护跳 C 相开入，自保持；亮：无保护跳 C 相开入
17	重合闸	红	亮：重合闸动作，非自保持；灭：重合闸未动作
18	A 相合位	红	亮：A 相合位置接入，非自保持；灭：A 相合位置未接入

续表

序号	指示灯	颜色	说　明
19	B 相合位	红	亮：B 相合位置接入，非自保持；灭：B 相合位置未接入
20	C 相合位	红	亮：C 相合位置接入，非自保持；灭：C 相合位置未接入
21	非全相	红	亮：非全相开入，自保持；灭：非全相未开入
22	保留 1	绿	亮：接地开关合位置接入，非自保持；灭：无接地开关合位置接入
23	保留 2	绿	
24	保留 3	绿	亮：GPS 对时异常；灭：GPS 对时正常

正常运行时，检修指示灯在无检修工作时熄灭，GOOSE 总告警、A 网告警、B 网告警指示灯不亮，控制电源故障指示灯不亮，开关控分、开关控合指示灯不亮，开关跳闸位置、隔离开关、接地开关指示灯应与设备实际运行状态相符。

PSIU621 三相智能操作箱装置与 PSIU601 智能操作箱装置的界面指示基本一致，不同的是 PSIU621 针对的是三相断路器，其三相状态及动作指示采用单相指示灯显示。

（6）PRS-7789 智能终端。PRS-7789 是全面支持数字化变电站的智能终端设备，为传统断路器提供数字化接口并具有就地操作箱功能，可作为传统断路器的智能化附件。PRS-7789 通过光纤 GOOSE 网或点对点的光纤连接收相关联的间隔层设备的控制指令，完成对断路器的分相或三相操作，同时采集断路器的相关状态信号通过光纤上送给间隔层设备。PRS-7789 与 220kV 及以上电压等级分相或三相操作的断路器配合使用，适用于双重化配置的场合。其面板指示灯及释义见表 7-11。

表 7-11　　　　　　　　　PRS-7789 智能终端面板指示灯及释义

序号	指示灯	颜色	说　明
1	电源	绿	装置电源指示，装置带电时亮
2	运行	绿	装置程序运行指示，程序运行时亮
3	装置异常	红	装置自检出错时亮
4	运行异常	红	装置运行告警时亮
5	遥合	绿	遥控合闸发生时亮
6	遥分	绿	遥控分闸发生时亮
7	装置检修	绿	装置检修压板投入时亮
8	保护跳闸	绿	断路器事故跳闸且跳闸成功时亮

续表

序号	指示灯	颜色	说　明
9	拒动	绿	断路器事故跳闸但跳闸失败时亮
10	重合闸	绿	重合闸发生时亮
11	跳 A	绿	断路器 A 相事故跳闸时亮
12	跳 B	绿	断路器 B 相事故跳闸时亮
13	跳 C	绿	断路器 C 相事故跳闸时亮
14	压力异常	绿	断路器任何压力异常开入时亮
15	A 相合位	绿	断路器 A 相处于合位时亮
16	B 相合位	绿	断路器 B 相处于合位时亮
17	C 相合位	绿	断路器 C 相处于合位时亮
18	A 相跳位	绿	断路器 A 相处于跳位时亮
19	B 相跳位	绿	断路器 B 相处于跳位时亮
20	C 相跳位	绿	断路器 C 相处于跳位时亮
21	G1 合位	绿	隔离开关 1 合位时亮
22	G2 合位	绿	隔离开关 2 合位时亮
23	G3 合位	绿	隔离开关 3 合位时亮
24	G4 合位	绿	隔离开关 4 合位时亮
25	GD1 合位	绿	接地开关 1 合位时亮
26	GD2 合位	绿	接地开关 2 合位时亮
27	GD3 合位	绿	接地开关 3 合位时亮
28	GD4 合位	绿	接地开关 4 合位时亮

正常运行时，运行指示灯常亮，装置异常、运行异常、压力异常、保护跳闸、拒动、重合闸、跳 A、跳 B、跳 C 指示灯不亮，各相断路器位置、隔离开关、接地开关应与设备实际运行状态相符。

PRS-7389 是全面支持数字化变电站的智能终端设备，为传统断路器提供数字化接口并具有就地操作箱功能，可作为传统断路器的智能化附件。PRS-7389 通过光纤 GOOSE 网或点对点的光纤连接收相关联的间隔层设备的控制指令，完成对断路器的操作，同时采集断路器的相关状态信号通过光纤上送给间隔层设备。

PRS-7389 与 110kV 及以下电压等级三相联动操作的断路器以及 110kV 和 220kV 母线设备配合使用，适用于双重化配置的场合。其面板指示灯及释义见表 7-12。

表7－12 PRS－7389智能终端面板指示灯及释义

序号	指示灯	正常状态	说　明
1	电源	常亮	亮：电源正常；灭：电源异常
2	装置运行	常亮	装置上电后，程序开始运行时点亮
3	装置异常	常熄	亮：装置异常。可能原因如下：初始化上电配置出错、主配置文件异常、1588硬件解码异常、MU配置错误、GOOSE配置错误、顺序控制配置错误、五防配置错误、LVDSKO总线自检异常、AD采集出错、LVDSIO读开入虚端子配置出错、开出正反码校验出错、参数自检出错、定值自检出错、内存溢出出错、录波文件异常、遥信配置出错、站控层GOOSE配置出错、模拟量双网切换配置出错
4	运行异常	常熄	亮，可能原因如下：隔离开关告警（隔离开关修正）、数据总线同步异常、1588通信接收中断、MU通信口中断、MU通信口接收数据或状态字异常、网口通信中断告警、Gocb通信中断告警、Gocb数据异常告警、Gocb检修状态不一致告警、网卡溢出、MU数据同步异常、数据总线通信中断、数据总线数据异常、管理总线通信中断、母线复压长期开放告警、站控层GOOSE通信中断、站控层GOOSE通信异常、保护告警、模拟量双网幅值比较异常、1588失步信号继电器配置、秒脉冲失步信号继电器配置
5	装置检修	常熄	亮：装置检修开入
6	GOOSE异常A	常熄	组网口A通信中断、组网口A数据异常、组网口A检修不一致
7	GOOSE异常B	常熄	组网口B通信中断、组网口B数据异常、组网口B检修不一致
8	断路器位置及隔离开关位置灯	视实际设备位置情况而定	亮：相应开关、隔离开关在合位；灭：相应开关、隔离开关在分位
9	压力异常	常熄	亮：闭锁合、闭锁跳有信号开入
10	重合闸	常熄	重合命令开入时，点此灯同时重合继电器开出

正常运行时，电源、装置运行指示灯常亮，装置异常、运行异常指示灯熄灭，无检修工作时，装置检修指示灯熄灭，GOOSE异常、GOOSE异常A、GOOSE异常B，压力异常、重合闸指示灯熄灭，断路器位置及隔离开关位置指示灯应与设备实际运行状态相符。

（二）合并单元

1. 母线间隔

（1）DMU－830系列合并单元。DMU－830系列合并单元适用于采用常规互感器、电子式互感器以及常规互感器与电子式互感器混用的系统，它对常规互感器或电子式感器通过采集器输出的数字量进行合并和处理，并按IEC 61850－9－2《电力系统自动化国际标准通信规约》标准转换成以太网数据，再通过光纤输出到过程层网络或相关的智能电子设备。其面板指示灯及释义见表 7-13。

表 7-13 DMU-830 系列合并单元面板指示灯及释义

序号	指示灯	颜色	说　明
1	运行	绿	装置正常运行时点亮
2	检修状态	红	装置处于检修状态时点亮
3	告警	红	装置自检异常时点亮
4	网络异常	红	从网络接收信息异常时点亮
5	对时异常	红	外部同步基准丢失时点亮
6	采集异常	红	接收任一采集器数据异常时点亮
7	采集器 1~采集器 9	绿	采集器数据通信正常时点亮
8	隔离开关 1 合	红	母线电压由合并单元切换，隔离开关 1 合投入时点亮
9	隔离开关 2 合	红	母线电压由合并单元切换，隔离开关 2 合投入时点亮
10	隔离开关 3 合	绿	母线电压由合并单元切换，隔离开关 3 合投入时点亮
11	切为 1 母	绿	母线电压由合并单元切换，切换后间隔用 1 母电压时点亮
12	切为 2 母	绿	母线电压由合并单元切换，切换后间隔用 2 母电压时点亮
13	切为 3 母	绿	母线电压由合并单元切换，切换后间隔用 3 母电压时点亮
14	母联 1 合	红	母线电压并列由合并单元实现，母联 1 与母联 1 隔离开关位置投入时点亮
15	母联 2 合	红	母线电压并列由合并单元实现，母联 2 与母联 2 隔离开关位置投入时点亮
16	2 强制 1	红	母线电压并列由合并单元实现，2 母强制 1 母投入时点亮
17	1 强制 2	红	母线电压并列由合并单元实现，1 母强制 2 母投入时点亮
18	2 强制 3	红	母线电压并列由合并单元实现，2 母强制 3 母投入时点亮
19	3 强制 2	红	母线电压并列由合并单元实现，3 母强制 2 母投入时点亮
20	1 强制 3	红	母线电压并列由合并单元实现，1 母强制 3 母投入时点亮
21	3 强制 1	红	母线电压并列由合并单元实现，3 母强制 1 母投入时点亮
22	并列状态	红	母线电压并列由合并单元实现，母线 TV 为并列状态时点亮
23	强制异常	绿	装置只允许一种强制状态，当超过一个强制 QK 投入时，强制异常灯亮，母线电压保持原状态

　　正常运行时，运行指示常亮，检修状态指示灯在无检修工作时熄灭，告警、网络异常、对时异常、采集异常指示灯不亮，实际运行的采集器信号灯应常亮，强制异常指示灯不亮，并列状态指示灯、强制状态指示灯应与设备实际运行状态相符。

（2）PCS-221G 合并单元。PCS-221G 为适用于变电站常规互感器的数据合并单元。装置采取就地安装的原则，通过交流头就地采样信号，然后通过 IEC 61850-9-2 或者 IEC 60044-8 协议发送给保护或者测控计量装置。本装置能够适用于各种等级变电站常规互感器采样。其面板指示灯及释义见表 7-14。

表 7-14　　　　　　　　PCS-221G 合并单元面板指示灯及释义

序号	指示灯	颜色	说　　明
1	运行	绿	亮：装置正常运行；灭：装置未上电或正常运行时检测到装置的严重故障时熄灭
2	报警	黄	亮：装置检测到运行异常状态；灭：装置正常运行
3	检修	黄	亮：装置检修投入；灭：装置正常运行
4	同步异常	黄	亮：装置外接对时源使能而又没有同步上外界 GPS；灭：装置对时正常
5	光耦失电	黄	亮：装置开入电源丢失；灭：装置正常运行
6	采样异常	黄	亮：装置采样回路异常；灭：装置正常运行
7	光纤光强异常	黄	亮：装置接收 IEC 60044-8 采样值光强低于设定值；灭：装置正常运行
8	GOOSE 异常	黄	亮：装置 GOOSE 异常；灭：装置正常运行
9	母线 1 隔离开关合位	红	亮：母线 1 隔离开关合位；灭：母线 1 隔离开关分位
10	母线 2 隔离开关合位	红	亮：母线 2 隔离开关合位；灭：母线 2 隔离开关分位

正常运行时，运行指示灯亮，报警、同步异常、光耦失电、采样异常、光纤光强异常、GOOSE 异常指示灯熄灭，母线隔离开关合位指示灯应与设备实际运行状态相符。

PCS-221D-I 为适用于 220、110、66、10kV 等各高中低电压等级数字化变电站中的电子式互感器合并单元。本装置应用于母线间隔，可合并发送最多三条经过电压并列后的母线电压数据。数据格式遵循标准和可配置扩展 IEC 60044-8 协议所定义的点对点串行数据接口标准；也支持通过光纤以太网，基于 IEC 61850-9-2 协议的组网、点对点数据接口标准。其面板指示灯及释义见表 7-15。

表 7-15　　　　　　　　PCS-221D-I 合并单元面板指示灯及释义

序号	指示灯	颜色	说　　明
1	运行	绿	亮：装置正常运行；灭：装置未上电或正常运行时检测到装置的严重故障时熄灭
2	报警	黄	亮：装置检测到运行异常状态；灭：装置正常运行

续表

序号	指示灯	颜色	说　明
3	检修	黄	亮：装置检修投入；灭：装置正常运行
4	同步异常	黄	亮：装置外接对时源使能而又没有同步上外界 GPS； 灭：装置对时正常
5	光耦失电	黄	亮：装置开入电源丢失；灭：装置正常运行
6	远端模块异常	黄	亮：装置远端模块故障；灭：装置正常运行
7	光纤光强异常	黄	亮：装置接收 IEC 60044－8 采样值光强低于设定值； 灭：装置正常运行
8	GOOSE 异常	黄	亮：装置 GOOSE 异常；灭：装置正常运行
9	电压并列	红	亮：任一条母线完成电压并列逻辑； 灭：无母线完成电压并列逻辑
10	母联合位	红	亮：任一母联（分段）及两侧隔离开关（GOOSE）均为合位； 灭：无母联（分段）及两侧隔离开关（GOOSE）均为合位

正常运行时，运行指示灯亮，检修指示灯在无检修工作时熄灭，报警、同步异常、光耦失电、远端模块异常、光纤光强异常、GOOSE 异常指示灯熄灭，电压并列、母联合位指示灯应与设备实际运行状态相符。

2. 线路间隔

（1）CSD－602 系列合并单元装置。CSD－602 系列合并单元装置适用于数字化变电站。该装置位于变电站的过程层，可采集传统电流、电压互感器的模拟量信号及电子式电流、电压互感器的数字量信号，并将采样值（SV）按照 IEC 61850－9－2 以光以太网形式上送给间隔层的保护、测控、故障录波等装置。可根据过程层智能终端发送过来的面向通用对象的变电站事件（GOOSE）或本装置就地采集开入值来判断隔离开关、断路器位置完成切换或并列功能；同时可以按照 IEC 61850 定义的 GOOSE 服务与间隔层的测控装置进行通信，将装置的运行状态、告警、遥信等信息上送。

CSD－602 系列合并单元包含如下子型号：

1）CSD－602AG 常规采样，间隔合并单元。

2）CSD－602B 接电子式互感器，间隔合并单元。

3）CSD－602CG 常规采样，母线合并单元。

4）CSD－602D 接电子式互感器，母线合并单元。

CSD－602CG 面板指示灯及释义见表 7－16。

表7-16　　　　　　CSD-602CG 合并单元屏面指示灯及释义

序列	指示灯	颜色	说　明
1	运行	绿	正常运行时长亮
2	检修	红	检修状态时长亮
3	总告警	红	灯亮表示装置异常
4	GO A/B 告警	红	灯亮表示 GOOSE 通信中断
5	取Ⅰ母	绿	长亮表示取Ⅰ母电压
6	取Ⅱ母	绿	长亮表示取Ⅱ母电压
7	并列	红	TV 并列情况下，长亮表示处于并列状态
8	对时异常	红	外部同步基准丢失时点亮
9	同步	绿	同步时长亮，未同步或守时过程中闪烁
10	Ⅰ母 TV 隔离开关	绿	Ⅰ母 TV 隔离开关在合位时亮
11	Ⅱ母 TV 隔离开关	绿	Ⅱ母 TV 隔离开关在合位时亮

正常运行时，运行指示灯常亮，检修指示灯在无检修工作时熄灭，总告警、GO A/B 告警、对时异常指示灯熄灭，同步指示灯常亮，无闪烁，并列、Ⅰ母 TV 隔离开关、Ⅱ母 TV 隔离开关、取Ⅰ母、取Ⅱ母指示灯状态应与实际状态相符。

（2）PSMU 602GC 合并单元。PSMU 602GC 合并单元支持 DL/T 860.92 组网或点对点 IEC 61850 协议。支持 GOOSE 输出功能。支持新一代变电站通信标准 IEC 61850，向站内保护、测控、录波、PMU 等智能电子设备输出采样值。可通过 GOOSE 通信或本地开入模件采集开关、隔离开关等位置信号，并可提供多种 TV 并列和切换方式。其面板指示灯及释义见表7-17。

表7-17　　　　　　PSMU 602GC 合并单元屏面指示灯及释义

序号	指示灯	颜色	说　明
1	运行	绿灯	正常运行时长亮
2	告警	红灯	异常时告警灯长亮
3	同步	绿灯	同步时长亮，未同步或守时过程中闪烁
4	GOOSE 通信	绿灯	正常时长亮，中断时闪烁，熄灭表示不接收 GOOSE
5	SV 接收 1	绿灯	正常时长亮，中断时闪烁，熄灭表示 1 口不接收 SV
6	SV 接收 2	绿灯	正常时长亮，中断时闪烁，熄灭表示 2 口不接收 SV
7	Ⅰ母运行	绿灯	配置 TV 切换情况下，长亮表示在Ⅰ母运行

续表

序号	指示灯	颜色	说　明
8	Ⅱ母运行	绿灯	配置 TV 切换情况下，长亮表示在Ⅱ母运行
9	TV 并列	绿灯	配置 TV 并列情况下，长亮表示处于并列状态
10	检修	红灯	检修状态时长亮，非检修状态时熄灭

正常运行时，运行指示灯常亮，检修指示灯在无检修工作时熄灭，告警指示灯熄灭，同步、GOOSE 通信、SV 接收指示灯常亮，无闪烁或熄灭现象，母线运行、TV 并列指示灯的状态应与设备实际运行状态相符。

（3）PRS-7393-1-G 间隔合并单元。PRS-7393-1-G 为变电站现场级的传统模拟量间隔合并单元，可以采集来自传统一次互感器的模拟信号及接收电压合并单元的电压信号或其他合并单元的数字信号，进行同步处理后通过以太网接口（光纤）给保护、测控、数字式电能表、数字式录波仪等多个二次设备提供采样信息。合并单元数据输出格式符合数字化变电站 IEC 61850 标准。其面板指示灯及释义见表 7-18。

表 7-18　　　　PRS-7393-1-G 间隔合并单元屏面指示灯及释义

序号	指示灯	正常状态	说　明
1	电源	常亮	亮：电源正；灭：电源异常
2	装置运行	常亮	亮：装置运行
3	装置异常	常熄	亮：装置自检出错，界面上有错误信息提示，查看并处理
4	采样异常	常熄	重新检查并下传相应定值，检查装置通信情况
5	同步异常	常熄	灯常亮：检查级联装置的通信是否断开或异常
6	装置检修	常熄	灯常亮：检查同步时钟源是否有异常，检查校时通信线路是否断开

正常运行时，电源、装置运行指示灯常亮，装置异常、采样异常、同步异常指示灯熄灭，装置检修在无检修工作时熄灭。

（4）UDM-502-G 间隔合并单元。UDM-502-G 系列间隔合并单元包括UDM-502-G A02、UDM-502-G A05 和 UDM-502-G A06，可实现线路和主变压器间隔电流、电压的采集、合并及输出，并可支持电压切换功能。装置能够同时采集合并传统 TV、TA 和电子式互感器，发送符合 IEC 61850-9-2 的采样值信息给间隔层设备。其面板指示灯及释义见表 7-19。

表 7-19　　　　　UDM-502-G 间隔合并单元屏面指示灯及释义

序号	指示灯	颜色	说　明
1	装置运行	绿	正常运行时长亮，灯灭：装置未上电或程序异常
2	装置告警	红	灯亮：装置检测到异常状态
3	采样异常	红	灯亮：装置采样回路、数据异常
4	检修状态	绿	灯亮：装置检修投入
5	对时异常	红	灯亮：装置和外部时钟对时异常
6	GOOSE 异常	红	灯亮：装置接收 GOOSE 异常
7	远方控制	绿	灯亮：远方控制信号为 1； 灯灭：远方控制信号为 0，命令信号就地采集
8	母联 X 及隔离开关合闸	红	灯亮：母联 X 及隔离开关串联后处于合位； 灯灭：母联 X 及隔离开关串联后不处于合位
9	X 母 TV 隔离开关合位	红	灯亮：X 母隔离开关处于合位； 灯灭：X 母隔离开关不处于合位
10	X 母 TV 接地开关 n 合位	红	灯亮：X 母 TV 接地开关处于合位； 灯灭：X 母 TV 接地开关不处于合位
11	电压并列异常	红	灯亮：电压并列异常告警；灯灭：电压并列正常
12	I 母电压已并列	绿	灯亮：装置发出电压来自 I 母； 灯灭：装置发出电压来自其他母线
13	II 母电压已并列	绿	灯亮：装置发出电压来自 II 母； 灯灭：装置发出电压来自其他母线
14	III 母电压已并列	绿	灯亮：装置发出电压来自 III 母； 灯灭：装置发出电压来自其他母线

正常运行时，装置运行指示灯常亮，装置告警、采样异常、对时异常指示灯熄灭，检修状态指示灯在无检修工作时应熄灭。

第三节　后　台　巡　视

监控后台巡视主要包括以下巡视项目：

（1）监控后台一次主接线图与设备实际运行状态是否一致，各监控画面进行切换检查命名编号是否正确，有无设备状态异常闪烁，无事故总、告警总指示信号。

（2）检查后台机保护功能压板、出口压板、装置压板投退状态正确，与保护装置显示相符，无异常报文，电流、有功、无功显示值正常，三相电气量的不平衡度应在相关规定范围内。

（3）监控后台各电压量、电流量、潮流及主变压器油温等实时数据显示应正确，无越限信号，主变压器、电抗器等绕组温度、油温后台指示与现场指示差值不大于5℃。

（4）监控后台有无其他异常告警信息及未复归告警信息。

（5）检查显示屏、监控屏上的遥信、遥测信号正常，网络通信及装置通信状况正常。

（6）主变压器、线路间隔、母线间隔等测控装置、各相遥测、遥信信号无异常，无开关气压告警、低气压闭锁信号，控制回路正常，保护压板投切状态、远近控开关状态、顺序控制画面设备当前状态与实际运行状态相符。

（7）五防模拟预演图与系统实际运行方式相符，闭锁等装置和通信功能正常。

（8）站用直流电源监视图显示正常，各项遥测、遥信信号与现场实际运行条件相符，无故障和异常告警信号。

（9）站用交流电源监视图显示正常，交流电源接线的显示状态与现场实际运行条件一致，智能设备通信状态正常，电压、电流量测显示正常。

（10）监控后台语音报警音响测试正常。

（11）变电站二次设备结构总图无异常及故障信号，各小室二次设备状态监视图设备名称、型号、厂家等信息显示正常，设备运行工况正常、交换机网络拓扑结构及各端口的工作状态显示正常，无异常信号，GOOSE 链路、SV 链路、间隔五防 GOOSE 网络链路通信状态正常，显示与系统实际运行条件相符，A、B 网通信正常。

（12）二次设备对时状态显示正常，与实际设备运行工况一致。

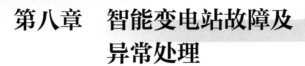

第八章 智能变电站故障及异常处理

智能变电站由智能化一次设备和网络化二次设备分层构建。由于智能变电站采用电子式互感器、合并单元、智能终端等常规变电站没有的智能设备，此类设备故障或异常对于运维人员是比较陌生的，需要现场工作人员熟悉该设备的作用及其与其他设备的联系，才能准确判断出故障或异常的影响。另外，智能变电站使用大量光纤取代电缆，使得光纤或网络故障成为智能变电站中常见的故障之一，这就要求现场工作人员要具有一定的网络、通信知识，从而通过告警信息判断故障原因并排除故障。总之，智能变电站故障及异常处理对运维人员提出了更高的要求，只有熟悉智能变电站各类设备的故障和异常处理要点，才能快速、准确地判断故障原因及影响并采取有效的措施，从而保证变电站的安全稳定运行。

第一节 电子式互感器故障及异常处理

电子式互感器包括电子式电流互感器和电子式电压互感器。它们为继电保护、测控装置、电能计量装置等设备提供电流、电压信号，其精度和可靠性与电力系统的安全、可靠及经济运行密切相关，是智能变电站关键设备之一。采用了电子式互感器的智能变电站相对于常规变电站，交流采样回路完全取消，不会出现电流回路二次开路及电压回路二次短路接地等故障，也不会出现电流互感器本身特性原因造成死区、饱和等问题导致的保护不正确动作。

一、电子式电流互感器故障及异常

电子式电流互感器一般由电流传感器（或称光纤敏感环）、采集模块（或称远端模块、转换器）和传输系统构成。电流传感器是一次传感器，位于高压侧，主要负责传感一次电流信号；采集模块接收并处理一次传感器的输出信号；传输系统将采集的电流信号传送给合并单元等设备，一般采用光纤传输。

电子式电流互感器故障一般会导致电流互感器输出数据异常，此时对应的合并单元及相关保护装置会报"采样数据异常"信号，可以通过查看后台告警记录、网络分析仪记录或调阅合并单元历史事件记录来确定是哪一相故障，然后再具体检查该相电流传感器、采集模块和传输系统中哪个部分出现故障并做相应处理。

二、电子式电压互感器故障及异常

电子式电压互感器一般由电压传感器（或称敏感元件）、采集模块（或称远端模块、转换器）和传输系统构成。电压传感器是一次传感器，位于高压侧，主要负责传感一次电压信号；采集模块接收并处理一次传感器的输出信号；传输系统将采集的电压信号传送给合并单元等设备，一般采用光纤传输。

电子式电压互感器故障一般会导致电压互感器输出数据异常，此时对应的合并单元及相关保护装置会报"采样数据异常"信号，可以通过查看后台告警记录、网络分析仪记录或调阅合并单元历史事件记录来确定是哪一相故障，然后再具体检查该相电压传感器、采集模块和传输系统中哪个部分出现故障并做相应处理。

三、典型故障案例

（一）电子式电流互感器故障引起的保护装置闭锁

某智能变电站 220kV 第二套母联保护频繁报"采样异常"，且短时间内告警信号复归，第一套母联保护以及两套 220kV 母线保护均未有异常报警。

该 220kV 智能变电站全站采用全光纤电子式电流互感器，且都采用双 AD 配置原则，以保证保护采样的可靠性。220kV 母联间隔电子式电流互感器具体配置见图 8-1。两组光纤环通过光学模块形成 AD1 和 AD2 数据传输给同一个合并单元，合并单元处理后将双 AD 数据传送给保护，保护装置判断出双 AD 数据不一致时，闭锁相应保护功能。两组光纤环、两组光学模块以及一个合并单元组成一套全光纤电子式电流互感器，两套电子式电流互感器之间完全独立，且配置完全相同。

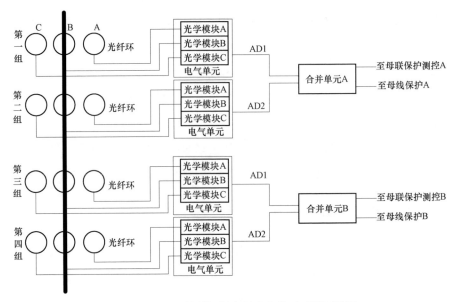

图 8-1　220kV 母联间隔电子式电流互感器配置图

1. 原因分析

现场检查发现，母联第二套合并单元报"串口 0 未接收有效数据"，并且短时恢复。通过对网络报文记录分析仪中记录的报文发现，母联第二套合并单元发出的数据中 B 相 AD1 数据频繁出现一个点的无效（品质位 Q 置"1"），第二个点又恢复有效，见图 8-2。

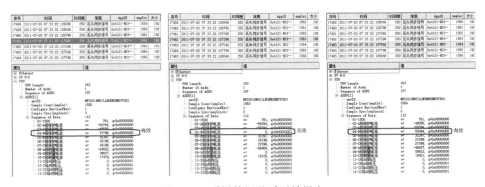

图 8-2　采样数据品质无效报文

因此，初步判断为母联电流互感器第二套 B 相 AD1 数据无效导致上述告警信号。由于母联保护接收到一个无效采样数据后就闭锁保护并且报"采样异常"，因此会频繁出现上述"采样异常"信号动作及复归。而母线保护只有连续接收到三个以上无效数据才会闭锁保护并报"采样异常"，当仅接收到一个或两个无效采样数据时，并不闭锁保护，也不发出告警信号。因此，在本次母联合并单元仅发出一个无效采样数据时，根据保护装置原理，母联保护报"采样异常"信号，而母线保护正常运行，不闭锁，也不告警。

2. 现场处理

经过现场检查，初步判断为母联第二套电流互感器光电模块故障，并对光电模块进行了更换。更换后，短时间未出现上述"采样异常"的告警，但长时间运行后又频繁报出上述告警信号，故障仍未解决。此后，用时域反射测试仪检查光TA传输光缆和敏感环有无光纤断点或薄弱点，检查发现，在故障电流互感器敏感环内存在光纤薄弱点，导致电流互感器数据频繁无效，需要对光纤敏感环进行更换。

由于现场电流互感器安装在 GIS 气室外，如图 8-3 和图 8-4 所示，因此现场处理不需 GIS 开罐。处理时首先申请母联断路器停电，将两套母联保护退出，第二套母线保护投信号。考虑到故障电流互感器处理过程中可能会影响第一套电流互感器，因此申请将第一套母线保护中母联支路退出，并投入"母线分列"压板。

图 8-3 220kV 母联电流互感器安装方式

在一次和二次相关安全措施完成后，将电流互感器外防护罩切开，然后将故障电流互感器光敏感环拆解开，将敏感环内原来的光纤取出，并将环内清洁干净后重新绕制了新的光纤。新的光纤环绕制完成后，对电流互感器参数作相应的调整，并进行极性和精度测试，测试结果均合格。

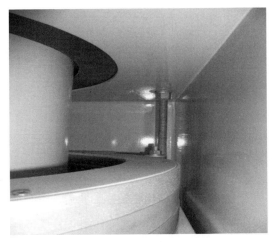

图8-4 防护罩内光纤环

3. 带负荷测试

处理完成后，对电流互感器进行带负荷测试。将两套母联保护投入，并修改相应定值；投入两套母线保护的母联支路，并将第一套母线保护投信号。合母联断路器，检查第二套母联保护和母线保护中母联支路的电流幅值和相角，并与第一套母联保护和母线保护进行比较。通过比较发现，两套母联保护的数据基本一致，两套母线保护的数据基本一致。通过保护记录仪抓包分析，波形如图 8-5 所示，由于电流较小，三相电流不平衡，波形毛刺也很明显。

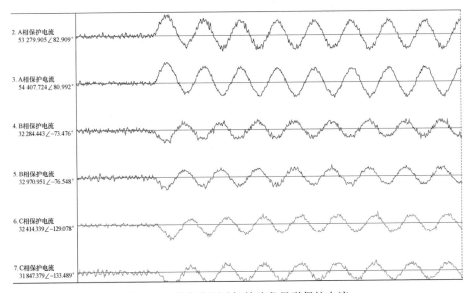

图8-5 带负荷测试初始阶段母联保护电流

调整母联一次负荷，观察母联电流的大小和相角，如图 8-6 所示，三相电流基本平衡，电流毛刺也不明显。因此，判断母联电流互感器极性是正确的，两套母线保护投跳闸，恢复原运行方式。

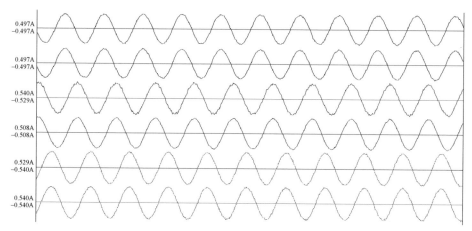

图 8-6　调整负荷后母联保护电流

分析图 8-6 中电流波形，发现 B 相 AD1（此次处理的电流互感器）电流，波形中毛刺较明显，尤其是电流峰值处。检查测量用电流通道波形，发现 B 相毛刺也较为明显，如图 8-7 所示。此现象说明，现场处理的电流互感器没有经过严格的测试，精度较差一些。

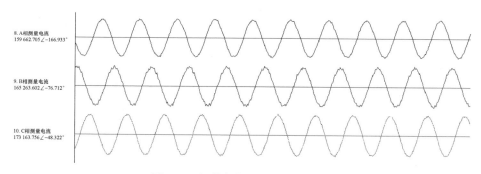

图 8-7　调整负荷后母联测量电流

4. 结论

本次异常是由于电流互感器敏感环内存在光纤薄弱点，导致电流互感器数据频繁无效，引起母联保护装置告警和闭锁。

（二）电子式电压互感器受干扰引起的母线电压异常分析

某 220kV 智能变电站 1 号主变压器保护频繁报"中压侧 TV 异常告警动作/

返回"信号,同时,110kV 母线保护也频繁报"Ⅰ母差动复压开放动作/返回"信号,所有保护未动作。保护装置告警时,合并单元、智能终端等其他装置运行正常,无告警信号。告警发生时,1 号主变压器 110kV 侧运行于Ⅰ母,2 号主变压器和 110kV 某线路运行于Ⅱ母。1 号主变压器保护按双重化配置,两套保护型号均为 WBH-801B,110kV 母线保护按单套配置,保护型号为 WMH-800B。

110kV 母线采用分压式电子式电压互感器,主变压器 110kV 侧不设独立 TV,采用 110kV 母线 TV 数据。主变压器保护和 110kV 母线保护的电压采样数据流向如图 8-8 所示,其中两套母线电压合并单元都采集Ⅰ母和Ⅱ母的电压,母线电压合并单元级联至主变压器间隔合并单元,两套之间完全独立。主变压器保护 A套的电压源头为母线电压合并单元 A 套,主变压器保护 B 套的电压源头为母线电压合并单元 B 套;110kV 母线保护电压直接由 A 套母线电压合并单元供出。

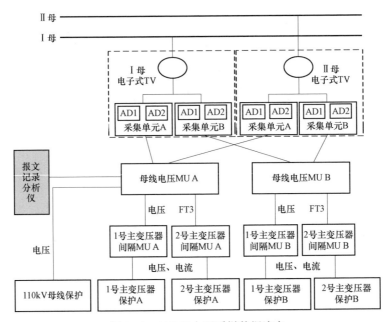

图 8-8　110kV 电压采样数据流向

1. 原因分析

由于 1 号主变压器运行于 110kVⅠ母,因此 1 号主变压器保护中压侧取 110kVⅠ母电压,且 110kV 母线保护告警也与Ⅰ母电压有关,通过网络报文记录分析仪调取异常时刻母线电压合并单元 A 的报文进行分析,110kV 两条母线电压如图 8-9 所示。

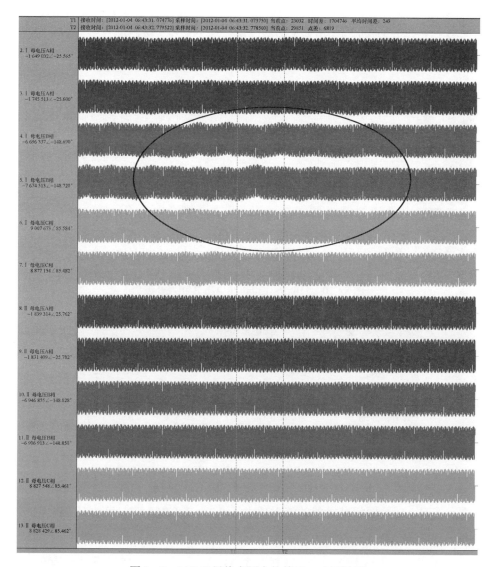

图 8-9　110kV 母线电压合并单元 A 电压波形

从图 8-9 中可看出，Ⅰ 母电压的峰值包络线有一个低频的波动，而 Ⅰ 母的 A 相和 C 相波动相对较小，B 相波动相对较大；Ⅱ 母电压很稳定，没有波动。将 110kV 的 Ⅰ 母母线电压展开，如图 8-10 所示。

可以看出，B 相电压 AD1 数据向下波动，而 AD2 数据向上波动，且波动较明显。B 相电压 AD2 数据波动最大处的电压正向峰值为 108.5kV，而此时的 AD1 电压数据为 88kV，双 AD 数据不一致超过了 20%。而在电压过零点两侧，随着电压瞬时值的减小，双 AD 的不一致程度增大。通过报文记录分析仪的比较，在 Ⅰ 母 B 相大于 $0.2U_N$（额定电压）的范围内，双 AD 不一致程度最大超过了 34%，而双 AD 不一致大于 30%的有 24 个点，如图 8-11 所示。

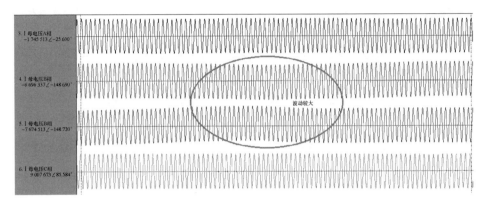

图 8-10　110kV Ⅰ母母线电压 B 相展开波形

AD有效采样限制(额定值%)=20	双AD偏差门槛(%)=31			统计
AD1	**AD2**	**点数**	**百分比**	**最大偏差**
2.Ⅰ母电压A相	3.Ⅰ母电压A相	0	0.00%	11.18%
4.Ⅰ母电压B相	5.Ⅰ母电压B相	24	0.04%	34.69%
6.Ⅰ母电压C相	7.Ⅰ母电压C相	0	0.00%	17.30%
8.Ⅱ母电压A相	9.Ⅱ母电压A相	0	0.00%	4.65%
10.Ⅱ母电压B相	11.Ⅱ母电压B相	0	0.00%	4.91%
12.Ⅱ母电压C相	13.Ⅱ母电压C相	0	0.00%	3.87%
总计		24	0.04%	34.69%

图 8-11　110kV 母线电压合并单元 A 双 AD 数据不一致统计

　　主变压器保护 WBH-801B 和母线保护 WMH-800B 的双 AD 不一致检测原理是：当双 AD 数据相减之差的绝对值大于 $0.2I_N$ 或 $0.2U_N$ 时，启动双 AD 不一致判据，进入双 AD 不一致判断程序；进入双 AD 判断程序后，当检测到双 AD 数据之比大于 1.3 或小于 0.7 时，则判为双 AD 数据不一致，将数据处理为无效。当保护装置判出连续两个点双 AD 数据不一致即闭锁保护（电流不一致或距离保护的电压不一致）或开放电压条件（电压不一致）1 个周波。

　　图 8-12 为两个连续的采样值报文，由图可以计算得出保护告警时，Ⅰ母 B 相电压双 AD 相差 22kV，达到 $0.35U_N$，已达到双 AD 不一致判断程序的条件，而此时 AD1 数据与 AD2 数据之比大于 1.45，满足主变压器保护和母线保护的双 AD 不一致判断条件。因此，母线保护开放复压条件，主变压器保护判断为 TV 异常。

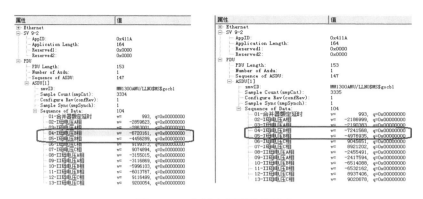

图 8-12　Ⅰ母电压采样值报文

主变压器保护 WBH-801B 和母线保护 WMH-800B 对采样数据进行双 AD 不一致判别，当判断为不一致时，将相应的电压、电流作无效处理。当电压数据无效时，主变压器保护 WBH-801B 报"电压异常"，该侧"复压闭锁过流"保护的方向元件自动满足；母线保护 WMH-800B 报"复压条件开放"，同时开放差动保护和失灵保护的相应母线复压条件；电流数据无效时，主变压器保护 WBH-801B 和母线保护 WMH-800B 都会报"电流异常"，同时闭锁相应保护装置（WMH-800B 中母联支路除外，当母联支路电流无效时，母线保护强制进入"互联"状态，退出小差计算，大差计算正常）。

上述报文捕获至母线电压合并单元，因此母线合并单元输出的电压出现了双 AD 不一致。2 号主变压器保护未出现告警，说明母线合并单元输出的Ⅱ母电压正常。因此，导致Ⅰ母电压不一致的故障点在电压合并单元的前端，即电压互感器。电子式电压互感器结构示意图如图 8-13 所示。

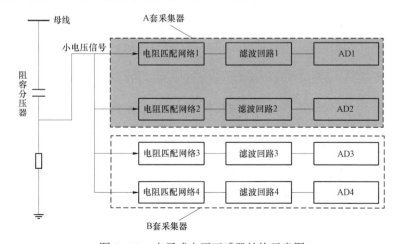

图 8-13　电子式电压互感器结构示意图

从图 8-13 中看出，A、B 两套采集器的数据源取自同一个电压信号，而每套采集器中的双 AD 所采集的数据也是同一个电压信号。上述告警出现的原因是同一个电压信号经过不同的采集器及不同的 AD 采集系统后输出电压出现了不一致，导致的原因可能是采集器处理或输入信号不一致。

具体分析 110kV 母线 I 母 B 相电压，可以得到 B 相电压 AD1 和 AD2 都存在一定的低频分量，如图 8-14、图 8-15 所示。AD1 低频分量二次值为 [-8V，10V]，占 17% 左右；AD2 低频分量二次值为 [-10V，15V]，占 25% 左右。

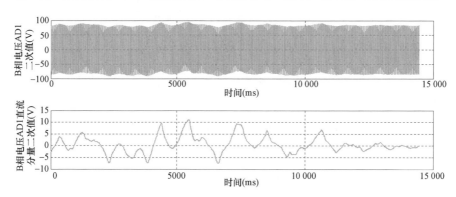

图 8-14　110kV 母线电压 B 相 AD1 波形及低频分量

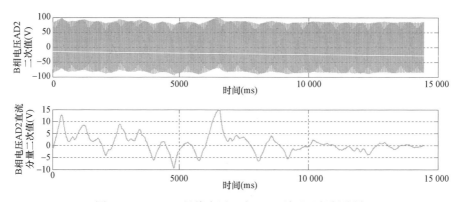

图 8-15　110kV 母线电压 B 相 AD2 波形及低频分量

比较 110kV 母线电压 B 相 AD1 和 AD2 的低频分量，在 6500ms 附近，AD1 和 AD2 低频分量相反，造成这一时刻 B 相电压 AD1 和 AD2 不一致程度达 30% 以上，造成主变压器保护和母线保护告警。

110kV 母线电压互感器采用阻容分压原理，电阻上分得小电压信号是一次电压的微分信号，后端处理需对信号进行积分来还原一次电压信号。对 110kV 母线电压 B 相 AD1 和 AD2 进行微分处理，并提取微分后的低频信号，如图 8-16 所示。由图可见，B 相电压的 AD1 和 AD2 都存在微小的低频信号，幅值为[-10mV，10mV]，两者波形并不一致。阻容分压后输出的电压微分信号峰值为 1.5V，虽然低频信号只占正常电压微分信号的 0.6%，但低频信号经长时间积分后，最终占得电子式互感器输出一次电压量的 20%以上。

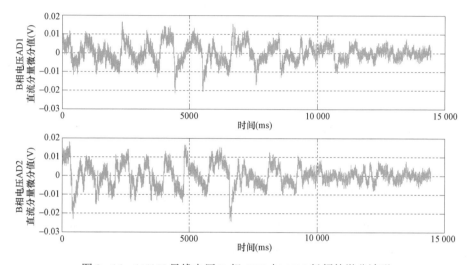

图 8-16　110kV 母线电压 B 相 AD1 与 AD2 低频的微分波形

2. 现场处理

主变压器保护和母线保护出现电压异常告警后，虽然不会直接导致保护动作出口，但由于开放了保护的复压闭锁条件，在外部干扰的情况下可能会导致保护误动，因此该告警缺陷需要尽快处理。

由上述分析可知，1 号主变压器保护和 110kV 母线保护告警的原因是 110kV 母线Ⅰ母电压双 AD 数据不一致，而双 AD 不一致是由于电压信号中含有低频分量。初步分析产生低频分量的原因有：

（1）互感器采集器输入端的屏蔽措施不到位（如接地不可靠等），导致采集器输入端存在微小的（mV 级）干扰信号，或有干扰信号直接串至采集器内。

（2）采集器电阻匹配网络和滤波回路的器件参数实际生产、运行过程中与设计参数存在一定偏差。

首先，改善采集器的接地屏蔽，升级积分程序，但并未能解决 110kVⅠ母电压双 AD 不一致的问题。其次，发现电压互感器采集器与一次传感元件之间存在一根实际并未使用的信号线，分析是此信号线将一次干扰信号直接传导至采集器。最后，将此信号线解除，经过长期运行监视，110kV Ⅰ 母电压未再出现异常，1 号主变压器保护、110kV 母线保护也未再出现电压异常告警。

3. 结论

本次 110kV 母线电压异常是由于电子式电压互感器采集器受到干扰，引起 Ⅰ 母母线电压 B 相双 AD 数据不一致造成的。

第二节 保护装置故障及异常处理

保护装置具有较强的自检功能，能够实时监视自身软硬件及通信的状态。运行异常时，装置指示灯将有相应显示，并发出告警信息。

一、保护异常告警原因

保护装置告警原因包括保护硬件告警、保护软件告警、装置内部自检告警、装置间通信状况告警、外部回路自检告警等几个方面。

（1）保护硬件告警信息反映装置的硬件健康状况，包括继电保护对装置模拟量输入采集回路进行自检的告警信息，如 AC/DC 回路异常；继电保护对开关量输入回路进行自检告警信息，如功能硬压板开入异常、装置内部开入异常；继电保护对开关量输出回路进行自检告警信息；继电保护对存储器状况进行自检告警信息，如 RAM 异常、FLASH 异常、EPROM 异常等。

（2）保护软件告警信息包括定值出错、各类软件自检错误信号等。

（3）装置内部自检告警信息包括开关量输入配置异常、开关量输出配置异常、系统配置异常、各插件之间的通信异常状况等。

（4）装置间通信状况告警信息包括载波通道异常、光纤通道异常、SV 通信异常状况、GOOSE 通信异常状况等。

（5）外部回路自检告警信息包括模拟量的异常信息，如 TV 或 TA 断线、相序异常、检同期电压异常；外部接入开关量异常信息，如跳闸位置异常、跳闸信号长期开入等。

二、保护异常告警影响

装置始终对硬件回路和运行状态进行自检，对于运行异常，装置面板告警信号灯点亮，造成的影响是仅告警或影响部分保护功能；对于装置闭锁，装置异常灯点亮或运行灯熄灭。装置液晶面板会显示自检报告。装置闭锁会闭锁装置所有功能。

对于完全独立双重化配置的保护，运行异常最严重时将导致一套保护拒动，但不影响另一套保护正常快速切除故障；对于单套配置的保护，运行异常可能导致主保护拒动或者线路重合闸失败。装置闭锁将导致保护拒动。

三、处理方法

当保护装置出现异常告警信息后，应检查和记录装置运行指示灯和告警报文，根据信息内容判断异常情况对保护功能的影响，必要时应退出相应保护功能。

（1）保护装置报出 SV 异常等相关采样告警信息后，若失去部分或全部保护功能，现场应退出相应保护。同时，检查合并单元运行状态、合并单元至保护装置的光纤链路、保护装置光纤接口等相关部件。

（2）保护装置报出 GOOSE 异常等相关告警信息后，应先检查告警装置运行状态，判断异常产生的影响，采取相应措施，再检查发送端保护装置、智能终端以及 GOOSE 链路光纤等相关部件。

（3）保护装置出现软、硬件异常告警时，应检查保护装置指示灯及告警报文，判断装置故障程度，若失去部分或全部保护功能，现场应退出相应保护。

（4）出现同步异常时，应重点检查站内对时系统。

（5）出现采样异常时，利用网络报文记录分析装置，检查合并单元发送采样值是否正常，结合相关保护装置 SV 告警信息进行综合判断。另外，还应检查上一级级联合并单元运行状态。多套保护装置同时报 SV 采样异常告警时，应重点检查公用合并单元运行是否出现异常；多套保护装置同时报跳闸 GOOSE 断链告警时，应重点检查公用智能终端运行是否出现异常。

（6）出现 GOOSE 开入量异常告警时，应检查 GOOSE 链路、相关交换机、GOOSE 发送端智能终端等设备。

（7）出现 GOOSE 断链异常告警时，应检查 GOOSE 链路、相关交换机、

GOOSE 发送端保护装置等设备。

（8）光纤链路异常告警信息由接收端设备发出。光纤链路异常时，应检查告警装置对应光接口通信监视灯，再检查链路相关的合并单元、保护装置、智能终端、交换机、对时装置等设备及其光接口通信状态，综合判断链路异常的故障位置。

（9）相关两套保护之间报失灵 GOOSE 断链告警时，应检查两套保护装置之间光纤接口、交换机及连接回路；当同一网络多套保护同时报失灵断链告警时，应重点检查 GOOSE 交换机是否出现异常。

第三节　合并单元故障及异常处理

合并单元是智能变电站特有的二次设备，其主要功能是对一次互感器传输过来的电气量进行合并和同步处理，并将处理后的数字信号按照特定格式转发给相关间隔层设备。

合并单元一般包括母线合并单元和间隔合并单元两种。母线合并单元一般采集母线电压或者同期电压，进行同步处理后将母线电压转发给间隔合并单元、母线测控、母联备自投等相关设备。同时，母线合并单元通过接收母联断路器、母联隔离开关及并列把手位置等，可以自动实现母线电压并列功能。间隔合并单元采集间隔电流互感器的电流信号并接收母线合并单元的电压信号，进行同步处理后将电流、电压信号转发给保护装置、间隔层交换机、测控装置、数字式电能表、数字式故障录波器、网络报文分析仪等相关二次设备。对于双母线接线的间隔，间隔合并单元根据智能终端转发的母线隔离开关位置自动实现正、副母电压的切换输出。

正常运行时，合并单元装置始终对硬件和运行状态进行自检，如果没有异常情况，合并单元运行指示灯常亮，总告警及其他告警灯灭。当装置自检出错误或异常情况时，相应异常指示灯亮，并发出告警信号。当出现严重故障时，装置运行指示灯灭，闭锁所有功能。

一、合并单元 GOOSE 异常

1. 原因分析

间隔合并单元通过 GOOSE 网接收间隔智能终端发送的间隔母线隔离开关位置信息，同时向过程层交换机发送本间隔电流、电压等信息；母线合并单元通过

GOOSE 网接收母联智能终端发送的母联断路器及母联隔离开关位置，接收母线智能终端发送的母线 TV 隔离开关位置，同时向过程层交换机发送母线电压等信息。这些链路断线或合并单元中 GOOSE 控制块断链、文本配置错误等情况都会造成合并单元 GOOSE 异常告警。运行设备 GOOSE 链路中断的原因可归纳为以下三类：

（1）GOOSE 发送方故障导致数据无法发送或发送错误数据，如发送方装置通信板卡断电或故障等。

（2）GOOSE 传输的物理链路发生中断，如光纤端口受损、受污、收发接反、光纤受损、损耗等原因导致的光路不通或光功率下降至接收灵敏度以下，交换机断电或光模块故障等。

（3）合并单元作为 GOOSE 接收方时，合并单元故障导致数据无法接收，如合并单元通信板卡断电或故障等。

2．造成影响

合并单元与 GOOSE 网连接主要是为了向 GOOSE 网传输电流、电压信息，从 GOOSE 网采集的主要是母线隔离开关位置信息或母线 TV 隔离开关位置信息等，如果以上隔离开关位置信息丢失，就会影响合并单元的正常运行。但目前，隔离开关位置信息都是双位置触点，如果只是丢失了某个隔离开关位置，合并单元还可以根据记忆位置继续运行。对于完全独立双重化配置的设备，GOOSE 链路中断最严重时将导致一套保护拒动，但不影响另一套保护正常快速切除故障；对于单套配置的设备，特别是单套智能终端报出的 GOOSE 链路中断，可能导致主保护拒动。

3．处理方法

当 GOOSE 异常信号发出时，需要检查相关联装置的 GOOSE 通信线路是否断开；检查相关联装置的 GOOSE 通信是否异常，如误投检修压板等。若无明显问题，需要联系检修人员处理。GOOSE 链路中断检查处理时需注意以下问题：

（1）GOOSE 链路中断告警的装置是此 GOOSE 信号的接收方，应重点检查信号发送方和从发送方至接收方的传输通道。

（2）装置的 GOOSE 链路是指逻辑链路，并不是实际的物理链路，一个物理链路中可能存在多个逻辑链路，因此一个物理链路中断可能导致同时出现多个GOOSE 链路告警信号。

（3）装置根据业务不同可能存在多个 GOOSE 链路，监控中心 GOOSE 链路中断信号是装置全部 GOOSE 链路中断信号的合成信号，因此与哪台装置之间发生通信中断需要根据变电站内具体的 GOOSE 链路中断信号判断。

二、合并单元对时异常

合并单元需要接收外部时间信号，如 IRIG－B 规约对时等，以保证装置时间的准确性。当装置外接对时源故障而又没有同步上外界时间信号时，装置报"对时异常或采样失步"信号。此时，装置前面板"对时异常"或"同步异常"灯点亮。

1. 原因分析

同步时钟装置发送的对时信号异常或外部时间信号丢失、对时光纤连接异常或对时链路中断、装置对时插件故障等都会造成对时异常。

2. 造成影响

合并单元具有守时功能，在失去同步时钟信号 10min 以内，要求合并单元的守时误差小于 4μs，合并单元在失步且超出守时范围的情况下会产生数据同步无效标识。合并单元长时间的对时丢失，可能造成自身晶振走偏，导致发送的采样值报文等信息间隔性变差或者出现丢帧的情况，造成测控装置等的采样异常。由于保护装置采用点对点直接采样、直接跳闸，采样同步不依赖于外部时钟，因此合并单元对时异常不会影响保护功能。

3. 处理方法

检查合并单元、GPS 装置及回路，若无法复归，则联系检修处理。

三、合并单元采样异常

目前，智能变电站采用常规电磁式互感器居多，母线合并单元需要采集母线电压并进行数据同步，间隔合并单元需要采集间隔电流及母线合并单元发送来的电压值，并进行数据同步。合并单元如果采样异常，将影响保护、测控、故障录波器、网络报文分析仪等的正常工作。

1. 原因分析

母线合并单元需要将母线电压采样值发送给相关间隔层装置及间隔合并单元。间隔合并单元需要接收母线合并单元的电压采样值，同时，间隔合并单元要将本间隔电流、电压采样值发送给相关间隔层装置及交换机。这些采样接收及发送环节出现异常，如采样报文品质异常、报文丢帧、链路中断等情况，均会造成合并单元采样异常告警。

2. 造成影响

采样异常时，合并单元接收或发出的数据无效，从而影响保护、测控、故障录波器、网络报文分析仪等装置的正常运行。

3. 处理方法

查看合并单元自检记录中采样异常的具体内容。如果是 SV 级联报文异常或链路中断，则检查级联接收；如果级联正常，则检查合并单元采样输出是否正常。

四、合并单元装置异常或告警

装置异常信号通常为合成信号，由"合并单元装置告警"和"合并单元失电/闭锁"合成。对于"告警"信号，装置面板"告警"灯点亮，并伴有其他具体项目的告警灯点亮；对于"闭锁告警"信号，除"告警"灯点亮外，装置面板"运行"灯还会熄灭。如果合并单元配有液晶面板，则其上将显示自检报告，提示告警元件。

1. 原因分析

合并单元硬件电路一般由数据采集模块、主处理模块及 SMV 输出模块构成，如果影响装置功能的相关硬件故障，如 CPU 故障、硬件回路故障、RAM 自检出错、FLASH 自检出错、装置失电等，装置无法正常运行，则装置会发出故障告警信号。另外，如果使装置无法正常运行的软件发生故障，装置也会发出故障告警信号。

2. 造成影响

合并单元异常最可能导致的是其发送 SV 数据错误，从而引起与之相关的保护装置闭锁甚至不正确动作。对完全独立双重化配置的设备，一套合并单元异常不会影响另一套保护系统。合并单元装置故障后，合并单元退出运行，此时运行灯一般会熄灭，将影响该合并单元所在网络的保护装置、测控装置、故障录波器、计量仪表等的运行。因此，为防止保护误动作，需要申请退出该合并单元对应的保护装置，并做好相关安全措施。

3. 处理方法

检查合并单元的自检告警信息，判断是软件故障还是硬件故障。如果告警信号可以复归，则装置可以继续运行，但需要联系检修人员检查原因；如果信号无法复归，则需要汇报调度申请退出该套合并单元及相关保护，请检修人员处理。

对 220kV 及以上双套配置的保护来说，如果间隔合并单元装置故障，需要在线路或元件不停电情况下检查处理第一（或第二）套合并单元时，需要做以下安全措施：

（1）申请停役相关受影响的保护装置，如第一套线路保护或元件保护、第一套母差保护。

（2）退出该间隔第一套智能终端出口硬压板。

（3）在该间隔第一套合并单元端子排处将 TA 短接并断开，TV 回路断开。

五、典型故障案例

（一）某 500kV 变电站多台合并单元告警事件

某 500kV 变电站在操作过程中，当合上 3 号主变压器 5061 断路器后，4 号主变压器本体智能柜合并单元 A 发出两个异常信号，分别为"合并单元 A 装置告警""合并单元 A 装置异常"。现场检查发现合并单元装置告警灯亮。第二天，5071 合并单元 A 正常运行（现场无倒闸操作）过程中发出两个异常信号，分别为"合并单元 A 装置告警""合并单元 A 装置异常"。现场检查发现合并单元装置告警灯亮。

1. 原因分析

现场发生告警的合并单元均为某型模拟量输入式合并单元。技术人员通过调试笔记本连接装置调试口获取装置告警报文后，确定合并单元发生了"串口板 0 数据异常"告警。

分析缺陷原因如下：合并单元的开入信号是由扩展板采集后，以串口通信方式传给 CPU 板的。现场扩展板以"定长"模式发送帧数据。CPU 接收模式有"定长"和"变长"两种，由厂家人员通过参数配置决定。当 CPU 接收模式配置为"定长"模式时，CPU 板按照固定帧长度接收数据；当配置成"变长"模式时，CPU 板先读取帧头，然后读取帧长字节，按照该长度接收帧数据。该站合并单元 CPU 板接收模式配置成了"变长"模式，由于扩展板发送的"定长"报文中包含帧长字节，正常情况下 CPU 板可以解析报文，合并单元不告警。当外部电磁干扰使得帧长字节变为特殊数值（253～255）时，会使帧长字节溢出，导致程序无法更新帧长数据，不能接收后续正常帧报文，从而导致通信中断现象的发生。

为了验证对缺陷原因的分析，供电公司成立了测试分析小组，对该站合并单元进行相应试验验证。试验结论如下：

（1）该站合并单元在外部电磁干扰条件下，开入扩展板与 CPU 板之间串口通信会受到干扰。当干扰持续时间超过 100ms 时，合并单元发生告警现象。

（2）该站合并单元 CPU 串口接收程序存在缺陷，当厂家人员误将 CPU 串口通信参数配置成"变长"时，少数情况下（外部电磁干扰使得接收报文帧长字节为 253～255 时），合并单元发生告警现象且外部干扰消失后告警不能自动复归。

将该变电站合并单元与通过国家电网公司专业检测的同型号装置进行硬件比对试验，硬件比对结论如下：该公司提供给某变电站的合并单元产品在型号和软件版本方面与公司专业检测通过并发布的产品一致；但在硬件方面，其插件位置、类型、板号，以及光纤接口、交流接口数量上与送检产品均存在差异，两者应为不同装置。

串口通信异常后，合并单元不能更新外部硬开入状态变化，对装置有如下影响：

（1）对于使用电压并列功能的母线合并单元，无法更新强制开关位置；通过硬开入接入母联断路器及隔离开关位置时，无法更新位置，通过 GOOSE 接入不影响。

（2）对于使用电压切换功能的间隔合并单元，通过硬开入接入间隔隔离开关位置时，无法更新位置，影响电压切换功能。通过 GOOSE 接入不影响。

（3）合并单元检修状态无法投入。

（4）不影响合并单元模拟电压、电流数据采集及同步合并等功能。

2．现场处理

由于现场所使用的合并单元与通过国家电网公司专业检测的同型号合并单元硬件不一致，因此要求厂家将合并单元更换为通过国家电网公司专业检测的合并单元。

3．结论

该起合并单元告警事件是由于合并单元 CPU 接收模式配置设置不当所致，由于现场所使用的合并单元与通过国家电网公司专业检测的合并单元硬件不一致，因此需要更换合并单元。

（二）IEEE 1588 延时跳变引起的保护装置异常

某 220kV 智能变电站，运行中多次发现 110kV 母线保护报"母线电压消失"，且短时间恢复；同时该站 110kV 线路保护装置也出现了"装置闭锁"灯点亮的现象，有时会有多条线路的保护装置相继点亮"装置闭锁"灯。母线保护报"母线电压消失"，母差保护的复压条件满足；线路保护装置报"装置闭锁"时，线路保护功能退出。告警信号出现时，因系统未发生故障，相关保护未发生不正确动作情况。

该智能变电站 110kV 保护测控装置采用"网络采样"的方式获取 SV 采样值，采样值同步依赖于外部 IEEE 1588 时钟同步，且 110kV 过程层采用 GOOSE+SV+IEEE 1588"三网合一"的组网方式，具体组网结构如图 8-17 所示。

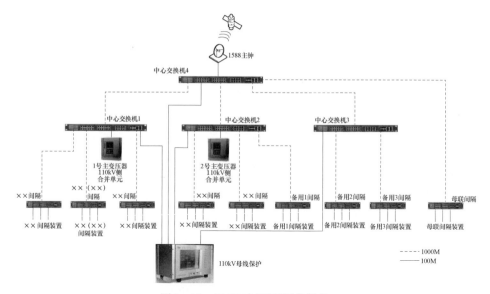

图 8-17　110kV 过程层网络结构

由图 8-17 中可以看出，110kV 过程层网络采用星形组网方式，由 4 台根交换机和 8 台间隔交换机组成星形网络，IEEE 1588 主时钟从中心交换机 4 接入，然后 IEEE 1588 报文以星形辐射的方式传输至中心交换机 1～3，再由各中心交换机将 IEEE 1588 报文传输至各间隔交换机，直至各间隔合并单元和母线 TV 合并单元。110kV 过程层网络采用双网冗余方式，图中为过程层 A 网结构、B 网结构相同，双套网络之间可根据运行工况进行切换。

110kV 母线 TV 合并单元采用 PCS221BA 装置，各间隔的间隔合并单元采用

NS3261CD 装置，网络对时采用 IEEE 1588 主钟，交换机全部是具有 IEEE 1588 功能的交换机。

1．原因分析

通过网络报文分析仪捕获报文发现，正常情况下 IEEE 1588 对时报文的延时为 7ms 左右，由 Follow_up 报文中的"Correction Field"域给出，如图 8－18 所示。

28	2011-03-11 08:46:38.288638	988759		33655	Sync Message	PTP	0x36A5	60
29	2011-03-11 08:46:38.290424	1786		33655	Follow_Up Message	PTP	0x36A5	60
30	2011-03-11 08:46:38.291849	1425		33655	Announce Message	PTP	0x36A5	80
31	2011-03-11 08:46:39.280709	988860		33656	Sync Message	PTP	0x36A5	60

属性	值	
⊞ Ethernet		0 1 2 3 4 5 6 7 8 9 10 11 12 13 14 15 16 17 18 19 20 21 22 23 24 25
⊟ PTP (IEEE1588)		01 1B 19 00 00 00 00 0B B9 7F 36 A5 88 F7 08 02 00 2C 00 00 00 **00 00 00 6C**
— Message Type:	Follow_Up Message (0x08)	**72 6D 00 00** 00 00 00 00 0B B9 FF FF 7F 36 A5 00 01 83 77 02 00 00 00 4D 79
— PTP Version:	2	E1 90 10 C7 1A 58 00 22
— Message Length:	44	
— SubDomainNumber:	0	
— Reserved:	0x00	
⊞ Flags:	0x0000	
— Correction Field	710716100000000	
— Reserved:	0x00000000	
— ClockIdentity:	0x000BB9FFFF7F36A5	
— SourcePortID:	0x0001	
— SequenceId:	33655	
— Control Field:	Follow_Up Message (0x02)	
— LogMessagePeriod:	0	
— Precise Origin Timestamp:	2011-03-11 16:47:12.281483862	

图 8－18　Follow_up 报文的 Correction Field 域

当 110kV 出现上述"母线电压消失"情况的前一小段时间，Follow_up 报文中的"Correction Field"域突然增大到 900ms，如图 8－19 所示。

所有报文	网口[1]	网口[1]/PTP/01-1B-19-00-00-00/00-0B-B9-7F-36-A5/0x36A5						
序号	时间	时间差	信息	sqId	消息类型	协议	AppID	大小
30	2011-03-11 08:46:38.291849	1425		33655	Announce Message	PTP	0x36A5	80
31	2011-03-11 08:46:39.280709	988860		33656	Sync Message	PTP	0x36A5	60
32	2011-03-11 08:46:39.282462	1753		33656	Follow_Up Message	PTP	0x36A5	60
33	2011-03-11 08:46:39.283792	1330		33656	Announce Message	PTP	0x36A5	80
34	2011-03-11 08:46:40.272675	988883		33657	Sync Message	PTP	0x36A5	60

属性	值	
⊞ Ethernet		0 1 2 3 4 5 6 7 8 9 10 11 12 13 14 15 16 17 18 19 20 21 22 23 24 25
⊟ PTP (IEEE1588)		01 1B 19 00 00 00 00 0B B9 7F 36 A5 88 F7 08 02 00 2C 00 00 00 **00 00 38 9E**
— Message Type:	Follow_Up Message (0x08)	**20 39 00 00** 00 00 00 00 0B B9 FF FF 7F 36 A5 00 01 83 78 02 00 00 00 4D 79
— PTP Version:	2	E1 91 00 4D 14 A0 00 0B
— Message Length:	44	
— SubDomainNumber:	0	
— Reserved:	0x00	
⊞ Flags:	0x0000	
— Correction Field:	949887033000000	
— Reserved:	0x00000000	
— ClockIdentity:	0x000BB9FFFF7F36A5	
— SourcePortID:	0x0001	
— SequenceId:	33656	
— Control Field:	Follow_Up Message (0x02)	
— LogMessagePeriod:	0	
— Precise Origin Timestamp:	2011-03-11 16:47:13.273487008	

图 8－19　对时报文延时增加

而过了 16s 左右，Follow_up 报文中的"Correction Field"域又恢复到 7ms 左右。

进一步分析母线 TV 合并单元的 SV 采样值发现，SV 在 IEEE 1588 报文延时突然增大 4.3s 后丢失了同步，SV 中的同步标志"smpSynch"置"0"，如图 8－20 所示。过了 3.4s，母线 TV 合并单元的 SV 又恢复了同步，"smpSynch"置"1"，如图 8-21 所示。而在 IEEE 1588 报文的延时恢复到 7ms 后，经过 5.8s 母线 TV 合并单元的 SV 再一次丢失了同步；丢失同步后 3s，母线 TV 合并单元 SV 又恢复了同步。

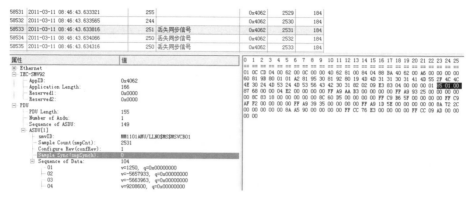

图 8-20　母线 TV 合并单元第一次丢失同步

图 8-21　母线 TV 合并单元第一次恢复同步

正常运行时，母线 TV 合并单元检测到自身时间与 IEEE 1588 报文时间一致；运行中，IEEE 1588 报文延时是对时时间计算的一部分，当延时突然增大后，母线 TV 合并单元因感受到自身时间与 IEEE 1588 报文时间不一致，而需要进行时间的调整，但为了防止由于 IEEE 1588 报文时间抖动造成的时间频繁调整，合并单元设置了一个时间调整门槛：在连续一段时间内检测到自身与 IEEE 1588 报文的时间具有稳定的时间差后，合并单元才进行时间调整。这一检测稳定时间误差的"连续一段时间"为 3~6s，对于不同合并单元这一时间不尽相同。

当 IEEE 1588 的 Follow_up 报文中的"Correction Field"域突然从 7ms 突变到 900ms 时，母线 TV 合并单元感受到自身时间与 IEEE 1588 报文时间相差很大，在连续检测到一稳定的时间误差后，进行时间调整，并将 SV 采样的"smpSynch"置"0"；此时，由于母线保护中的母线电压 SV 采样的"smpSynch"为"0"，母线电压数据将不参与保护逻辑运算，从而出现了"母线电压消失"的告警信号。

母线 TV 合并单元经过 3～5s 的时间调整，将自身时间与 IEEE 1588 报文时间调整为一致，然后将 SV 报文中"smpSynch"恢复为"1"。此时母线保护中母线电压恢复正常值。

分析间隔合并单元的 SV 采样值数据发现，间隔合并单元与母线 TV 合并单元也出现了类似同步丢失而后又恢复的现象，如图 8-22 所示，究其原因也是因为 IEEE 1588 报文延时异常所导致的。但是间隔合并单元丢失同步的时间并不与母线 TV 合并单元失步时间相同，其主要原因有两个：

（1）间隔合并单元与母线 TV 合并单元接入不同的交换机，而 IEEE 1588 报文延时经过不同的交换机是不同的，因此 IEEE 1588 报文延时异常情况并不是同时出现的。

（2）间隔合并单元与母线 TV 合并单元的对时策略不同，母线 TV 合并单元检测到与外部时间不一致时，需要连续检测 3～6s 内都具有稳定的时间差才进行时间调整，且在 3～5s 内完成时间调整；而间隔合并单元检测到与外部时间不一致时，需要连续检测 10s 以上都有稳定的时间差才进行时间调整，且要 20s 左右才能完成间隔调整。

在间隔合并单元进行时间调整的过程中，会出现短时的数据无效现象，因此出现了线路保护的"装置闭锁"告警信号。

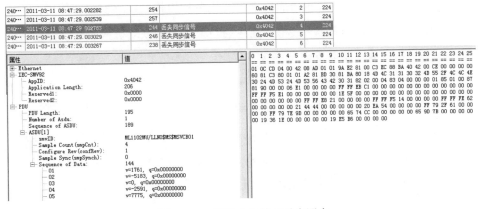

图 8-22　间隔合并单元丢失同步

由以上分析可知，导致母线保护出现"母线电压消失"的主要原因是 IEEE 1588 报文延时异常造成的母线 TV 合并单元 SV 数据失步，且与其他间隔合并单元的 SV 数据有较长时间的不同步。由于不同交换机出现 IEEE 1588 报文延时异常的概率、时间不同，且不同合并单元时间调整策略不同，导致不同合并单元出现失步的时间并不相同，不同的保护装置出现"母线电压消失""装置闭锁"等告警信号的时刻也不同。

2. 现场处理

进一步检查全站网络，发现是中心交换机 4 异常导致，更换中心交换机 4 后未发生 IEEE 1588 报文异常现象。

3. 结论

本次异常是由于 IEEE 1588 报文传输过程中出现传输延时的大幅跳变，而不同合并单元在调整同步信号时策略不同，导致 IEEE 1588 报文异常时合并单元的处理不一致，引起"母线电压消失"的现象。

第四节　智能终端故障及异常处理

根据控制对象的不同，智能终端可以分为断路器智能终端和本体智能终端两大类。

断路器智能终端与断路器、隔离开关及接地开关等一次开关设备就近安装，完成对一次设备的信息采集和分合控制等功能。断路器智能终端又可分为分相智能终端和三相智能终端。分相智能终端与采用分相机构的断路器配合使用，一般用于 220kV 及以上电压等级；三相智能终端与采用三相联动机构的断路器配合使用，一般用于 110kV 及以下电压等级。

本体智能终端与主变压器、高压电抗器等一次设备就近安装，包含完整的本体信息交互功能，如非电量动作报文、调挡及测温等，并可提供用于闭锁调压、启动风冷、启动充氮灭火等的出口触点，同时还具备完成主变压器分接头挡位测量与调节、中性点接地开关控制、本体非电量保护等功能。所有非电量保护启动信号均应经大功率继电器重动，非电量保护跳闸通过控制电缆以直跳的方式实现。

智能终端异常包括智能终端告警和智能终端失电/闭锁。

一、智能终端告警

智能终端装置异常告警，其面板上的告警信号灯点亮，并可能同时伴有其他具体的告警指示灯亮，如 GOOSE 断链等。

1. 原因分析

装置告警信号产生的原因主要有三种：

（1）装置自身元件的异常，如光耦电源异常、光模块异常、文本配置错误等；

（2）装置所接的外部回路异常，如 GPS 时钟源异常；

（3）断路器及跳、合闸回路异常，如控制回路断线、断路器压力异常、GOOSE 断链等。

2. 造成影响

智能终端告警可能影响与之相关的保护装置正常跳、合闸命令的执行，甚至造成保护不正确动作。

3. 处理方法

智能终端出现异常告警信息后，应检查智能终端指示灯，判断智能终端能否正常跳、合闸，根据结果采取相应措施。当出现 GOOSE 断链异常告警时，应检查 GOOSE 链路、相关交换机、GOOSE 发送端保护装置等设备。"控制回路断线"告警信息由智能终端负责上送监控，运行中出现此信息时，应检查跳、合闸相关二次回路，汇报调度停用受影响的相关保护，联系检修人员处理。

二、智能终端闭锁

智能终端装置失电或闭锁时，装置异常灯点亮或运行灯熄灭。

1. 原因分析

智能终端失电或闭锁信号反映装置发生严重错误，影响正常运行。造成该信号的原因包括板卡配置错误、装置失电等。

2. 造成影响

智能终端失电或闭锁将影响与之相关的保护装置正常跳、合闸命令的执行，造成保护不正确动作。

3. 处理方法

智能终端出现失电或闭锁信号后，应检查装置电源是否正常，若电源正常则联系检修人员处理。

三、典型故障案例

某 220kV 甲变电站的一条 110kV 线路 783 线发生永久性接地故障，甲变电站内的 783 线线路保护零序过流Ⅱ段、接地距离Ⅱ段动作跳闸，随后重合闸动作，重合不成，保护装置动作行为正确。

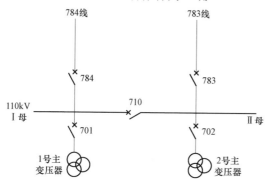

图 8-23　110kV 乙变电站失电前运行方式

783 线对侧的 110kV 乙变电站为馈供智能变电站，站内 783 线线路保护停用。783 线失电后乙站 110kV 备自投本应动作跳开 783 断路器，同时合上 784 断路器，但 783 断路器没有跳开，备自投没能成功动作，导致 110kV 乙变电站全站失电。故障前运行方式如图 8-23 所示，783 线供 1、2 号主变压器，784 线热备用。

1. 原因分析

现场对 110kV 乙变电站的备自投装置进行检查，发现 14 时 05 分 19 秒备自投动作，报保护跳出口 2（783）动作信号，14 时 05 分 20 秒报出口 2（783）失败，备自投装置动作灯亮。备自投装置本身已动作，但因 783 断路器跳闸失败，导致备自投装置不能进一步执行自投逻辑。

进一步检查发现备自投的 783 智能终端内两块压板 1-4CP1（783 断路器保护跳闸压板）和 1-4CP2（783 断路器重合闸压板）均在退出状态。

经调查，乙智能变电站的 783 线线路保护于半年前由调度下令停用，根据站内运行规程，"整套保护停用，应断开出口跳闸压板；保护的部分功能退出，应断开相应的功能压板"。又由于 1-4CP1 和 1-4CP2 压板在现场被错误的定义为 783 线路保护的跳闸压板和重合闸压板，因此，运行人员错误地认为 1-4CP1 和 1-4CP2 是线路保护的出口压板，退出这两个压板后最终导致 110kV 备自投装置因无法跳开 783 断路器而动作失败。

2. 现场处理

现场将 1-4CP1 和 1-4CP2 压板投入后，对备自投装置进行传动校验，结果备自投可以正确动作跳开断路器。

3. 结论

造成本次故障的原因主要有两方面：一方面，由于 110kV 乙智能变电站的就地智能终端压板命名不规范，相关运行检修人员在工程验收时未及时纠正；另一方面，智能变电站内的运行规程不够细化，相关运行操作人员对智能变电站运行规程理解不透彻，未深刻理解智能变电站与常规变电站压板设置的区别，导致在执行调度命令停用线路保护的命令时，误退了智能终端总的出口压板，最终造成备自投动作不成功。

第五节　网络通信设备故障及异常处理

智能变电站的各种信号都是数字化信号，因此需要大量的网络通信设备，主要是交换机。交换机具有自检功能，当自检到自身异常时，交换机异常告警灯亮。由于目前智能变电站一般采用直采直跳，即保护装置电流、电压采样及跳闸回路都是保护装置经光纤直接连至合并单元或智能终端，不经过交换机，因此交换机故障，一般不会影响保护的运行。

一、过程层 GOOSE 交换机故障

交换机具有自检功能，当自检到自身异常或装置失电时，由交换机异常告警继电器触点和失电告警继电器发出交换机故障信号，通过硬接线接入到公用测控装置，经公用测控装置上送后台；对于双重化配置的过程层 GOOSE 交换机故障，将影响过程层组网通信，可能会导致测控装置的遥信、遥控功能失效，GOOSE 交换机故障可能会导致后备保护拒动。

出现异常时，交换机告警灯点亮，同时可能伴有接入该交换机的装置通道中断等指示灯点亮的现象，接入该交换机的测控装置、保护装置、智能终端、合并单元、故障录波器、网络分析装置等报 GOOSE 链路中断告警。

1. 原因分析

交换机异常产生的原因主要有两种：一是装置自身元件异常，如板卡异常等；二是交换机失电。交换机通过内部逻辑自检出异常或故障时发此信号，说明装置的电源或内部元件存在故障，此时经此交换机的通道异常或中断。

2. 造成影响

交换机的通道异常或中断，可能影响的装置有 GOOSE 组网的测控装置、保护装置、智能终端、合并单元、故障录波器、网络分析装置等，可能会影响这些装置接收过程层上送的遥信信息及测控装置下发的遥控指令，不影响点对点的主保护功能，但可能会导致后备保护拒动。

3. 处理方法

交换机异常时检查装置是否失电，如果失电则设法恢复电源。若交换机元件异常，则需要更换相应交换机模块或整机，消除缺陷。

二、过程层 SV 交换机故障

交换机具有自检功能，当自检到自身异常或装置失电时，由交换机异常告警继电器触点和失电告警继电器发出，通过硬接线接入到公用测控装置，经公用测控装置上送；该交换机故障，仅影响接入该组网的间隔层装置采样功能。

出现异常时，交换机告警灯点亮，同时可能伴有接入该交换机的装置通道中断等指示灯点亮的现象，接入该交换机的测控装置、合并单元、故障录波器、网络分析装置、PMU、电能表等报 SV 链路中断告警。

交换机故障会导致经此交换机的通道异常或中断，可能影响的装置有 SV 组网的测控装置、故障录波器、网络分析装置、PMU、电能表等，这些装置无法正常采样，不影响点对点的主保护采样。

1. 原因分析

交换机异常产生的原因主要有两种：一是装置自身元件异常，如板卡异常等；二是交换机失电。交换机通过内部逻辑自检出异常或故障时输出异常信号，说明装置的电源或内部元件存在故障。

2. 造成影响

经此交换机的通道异常或中断，可能影响的装置有 SV 组网的测控装置、故障录波、网络分析装置、PMU、电能表等，这些装置无法正常采样，不影响点对点的主保护采样。

3. 处理方法

交换机异常时检查装置是否失电，如果失电则设法恢复电源。若交换机元件异常，则更换相应交换机模块或整机，消除缺陷。

三、站控层交换机故障

交换机具有自检功能，当自检到自身异常或装置失电时，由交换机异常告警继电器触点和失电告警继电器发出，通过硬接线接入到公用测控装置，公用测控装置经另一套交换机上送告警信息至站控层系统。对于站控层网络为双网配置时，缺陷等级为一般，单网配置时为严重。

站控层交换机异常时，交换机运行异常灯点亮，同时可能伴有接入该交换机的装置通道中断等指示灯点亮的现象，接入该交换机的间隔层设备（含保护装置、测控装置、故障录波器、PMU、电能表、网络分析装置等）MMS链路单通道中断告警。

站控层交换机故障，将造成经此交换机的通道异常或中断，可能影响的装置有接入站控层网络的保护装置、测控装置、故障录波器、PMU、电能表、网络分析装置等。

1. 原因分析

交换机异常产生的原因主要有两种：一是装置自身元件异常，如板卡异常等；二是交换机失电。交换机通过内部逻辑自检出异常或故障时发此信号，说明装置的电源或内部元件存在故障，此时经此交换机的通道异常或中断。

2. 造成影响

由于站控层网络一般采用双网运行，其中一台站控层交换机故障，不影响变电站监控后台与调控主站对变电站的监控运行。

3. 处理方法

交换机异常时检查装置是否失电，如果失电则设法恢复电源。若交换机元件异常，则更换相应交换机模块或整机，消除缺陷。

参 考 文 献

［1］ 曹团结，黄国方. 智能变电站继电保护技术与应用［M］. 北京：中国电力出版社，2013.

［2］ 刘振亚. 国家电网公司输变电工程通用设计　110（66）～750kV 智能变电站部分（2011年版）［M］. 北京：中国电力出版社，2011.